研削盤作業

澤　武一著

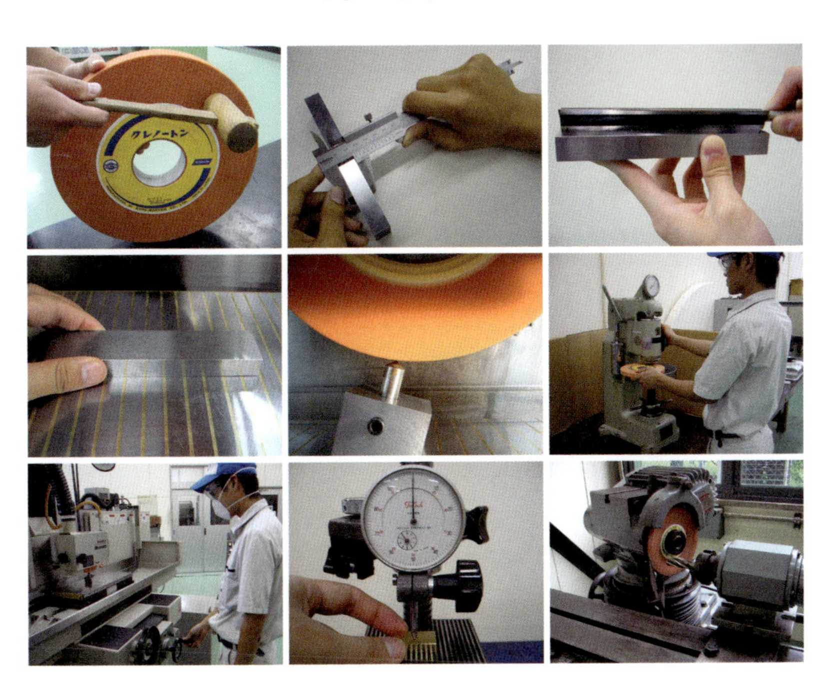

日刊工業新聞社

はじめに

研削加工は旋盤加工やフライス加工に比べ、経験が必要だと言われます。それは、「研削といし」の選択基準が明確ではなく、また「研削といし」はツルーイングやドレッシングにより性能（切れ味）が大きく変化することに起因します。加えて「研削といし」は焼き物であるため、その品質は必ずしも一定とは言えず、「研削といし」と研削仕上げ面の状態を見て作業者が研削条件を調整しなければいけません。すなわち研削加工では、作業者の経験やスキルに依存するところが多く、同じ加工状態を再現することが非常に難しいのです。しかし言い換えると、研削加工は作業者の腕前を十分に見せることのできる加工方法とも言えます。

このようなことから、研削加工を上手くなるには、一流の研削加工技能者に学ぶことが大切と言われます。私は企業の生産現場にお世話になり、熟練技能者の方から研削加工に関して色々と教わることができました。また、幸いにも褒章を受章された方々や現代の名工の方々にご指導を頂く機会を得られ、多くのことを教えて頂きました。

このような恵まれた環境で研削加工を勉強させて頂いた財産を元に、本書は実用における平面研削盤作業の基礎について写真を多用し、説明を加えております。私自身は未熟な知識と技能ですので十分な解説はできませんが、この本がこれから研削盤作業を始める方の道標になり、少しでも研削加工というものを読者の方に伝えることができれば大変嬉しく思います。

2025年3月　　　　澤　武一

第1章 研削盤ってなに?

第2章 といし(砥石)とは?

第3章 研削盤作業でよく使う工具と測定器

第4章 研削条件と研削現象

第5章 平面研削盤作業をやってみよう

第1章

研削盤ってなに?

1-1 研削盤とは?

図1.1に、「研削盤」を示します。図に示すように、研削盤とは「機械」です。それでは、「研削盤」とは何をする機械なのでしょうか。

私たちの身の回りには、自動車、航空機、携帯電話、デジタルカメラ、医療用機器など工業製品が溢れています。これらの工業製品には、多くの部品が使用されていますが、この中のいくつかの部品は、「研削盤」でつくられています。すなわち、「研削盤」とは、私たちの生活に欠かせない工業製品の「部品をつくる機械」です。

図1.2に、研削盤でつくった「部品」を示します。図に示すように、「研削盤」は、「工業製品の部品をつくる機械」、つまり、工業製品を産み出す機械ですから、「工業製品の母となる機械」という意味を込めて「マザーマシン」と呼ばれています。さらに、研削盤は、材料から不要な部分を取り除き、必要な形状に仕上げる機械であることから、材料を工作する機械という意味で「工作機械」とも言われます。

日常生活では「研削盤」を見ることはほとんどありませんが、研削盤は工業製品をつくるための非常に大切な機械です。

研削盤には、本体の大きさが10mを超える大きなものから、1mに満たない小さなものまであります。これは、飛行機のような大型の部品をつくる場合もあれば、バイクのように比較的小さな部品をつくる場合もあり、部品の大きさによって研削盤の大きさを使い分けるためです。

それでは、「目で見てわかる研削盤作業」と題して、研削盤作業について説明したいと思います。

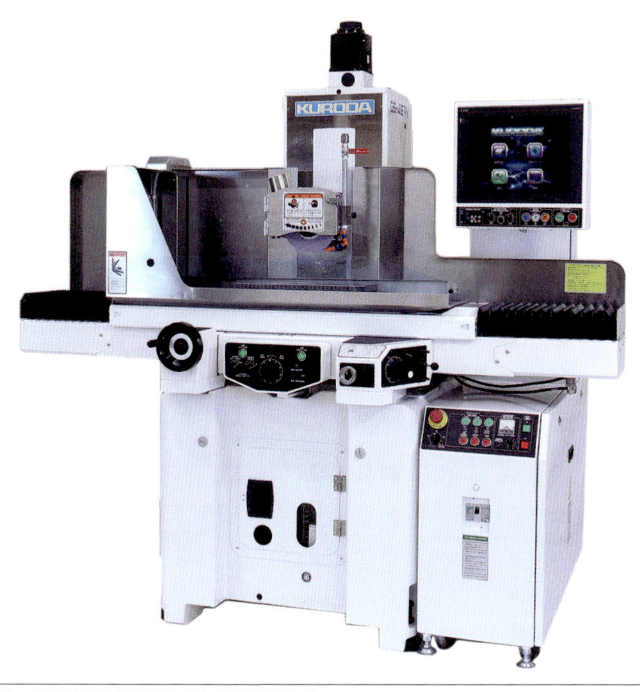

図1.1　研削盤の外観(株式会社黒田精工)

図1.2　研削盤でつくった製品(技能検定1級課題)

1-2 研削加工の様子

図1.3に、研削加工の様子を示します。図に示すように、研削加工は、「といし」を使って材料を削る加工です。すなわち、「といし」が「刃物」になります。「といし」は大きさ（直径）により異なりますが、1分間に約2,000～3,000回転と非常に高速で回転するので、研削加工を行う場合には、十分に注意しなければいけません。

「といし」は、A（アルミナ質）とC（炭化けい素質）の2種類に分類でき、一般に、鉄系の材料（磁石に付く材料）を研削する場合にはA（アルミナ質）を使い、非鉄系の材料（磁石に付かない材料）を研削する場合には、C（炭化けい素質）を使います。このように、研削する材料によって、「といし」の種類を選びます。

なお、「といし」の種類に関する説明は第2章で、「といし」の回転数に関する説明は第4章で行っていますので、ぜひ参照してください。

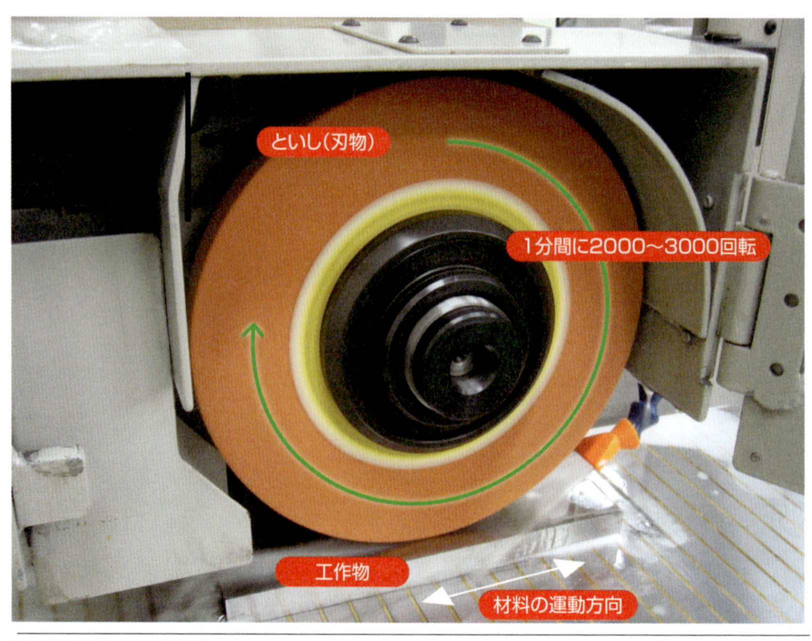

図1.3 研削加工の様子

1-3 いろいろな研削盤

図1.4に、いろいろな研削盤を示します。図に示すように、研削盤には多くの種類があり、研削する「材料の形状」や「研削の目的」により使い分けます。

図1.1に示す研削盤は「平面研削盤」といいます。名前の通り、工作物の平面を研削する研削盤で、加工現場で最もよく使用される研削盤です。

そして図(a)に示す研削盤は「円筒研削盤」といいます。主として、円筒形状の工作物の外面を研削する研削盤です。

(b)は「研削盤」といいます。穴の内面を研削する研削盤です。

(c)は「工具研削盤」といいます。切削工具(バイト、正面フライス、エンドミル、ドリルなど)を研削する研削盤です。工具研削盤は研削できる切削工具により構造が異なるため、バイト研削盤、カッタ研削盤、ドリル研削盤というように、研削できる切削工具に応じて名前が付けられています。また、複数の切削工具を研削できるものを「万能工具研削盤」と言います。

(d)は「両頭グラインダ※」といいます。使用目的はいろいろありますが、機械加工では、旋盤で使用するバイトを研削する場合などに使用します。

(e)は「電気ディスクグラインダ※」といいます。材料の表面の傷取りや切断どに使用します。電気ディスクグラインダは日曜大工でもよく使われています。

※自由研削…両頭グラインダや電気ディスクグラインダは、「自由研削」といわれます。「自由研削」は、切込み深さや送り量などを一定にできない研削作業の総称です。

※グラインダ…「研削」は、英語で、Grinding(グラインディング)といい、「研削盤」は、英語で、Grinder(グラインダ)、または、Grinding machine(グラインディングマシーン)といいます。

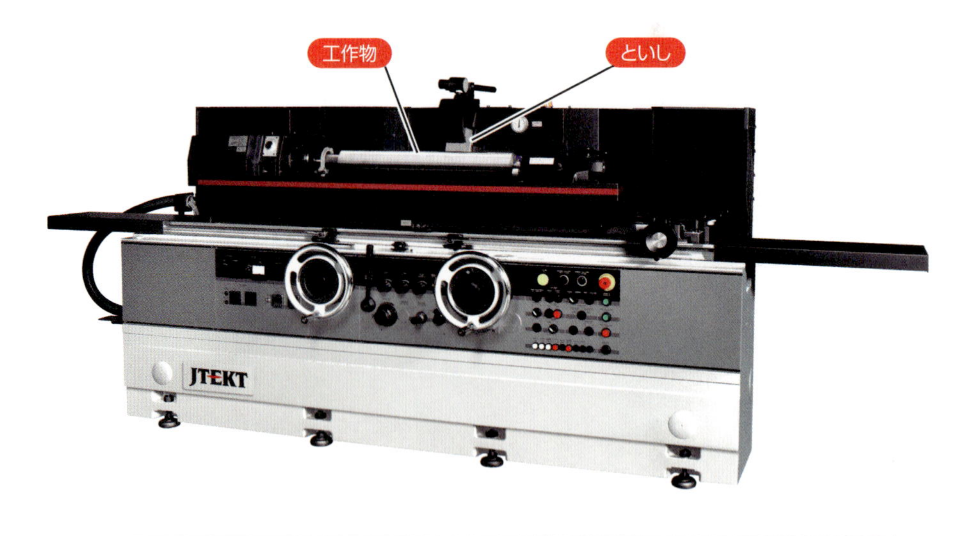

図1.4(a)　円筒研削盤(株式会社ジェイテクト)

図1.4(b)　内面研削盤(株式会社岡本工作機械製作所)

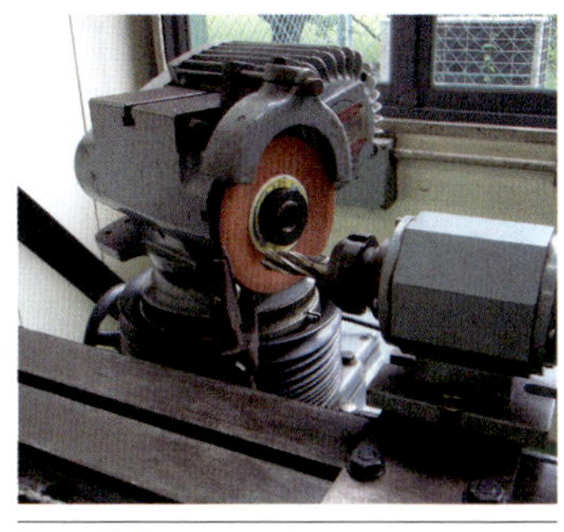
図1.4(c)　工具研削盤

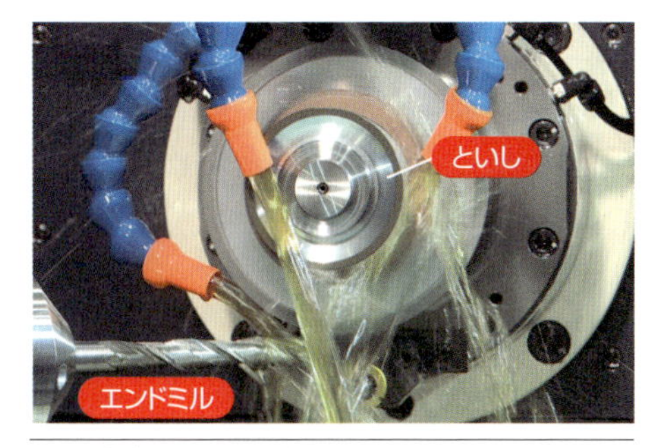

図1.4(d)　工具研削盤

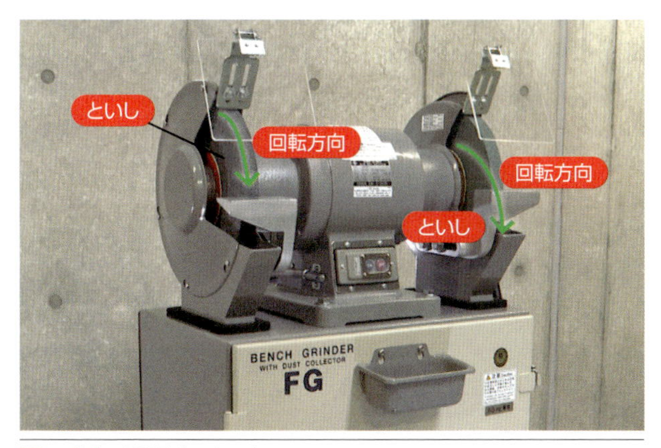

図1.4(e)　両頭グラインダ

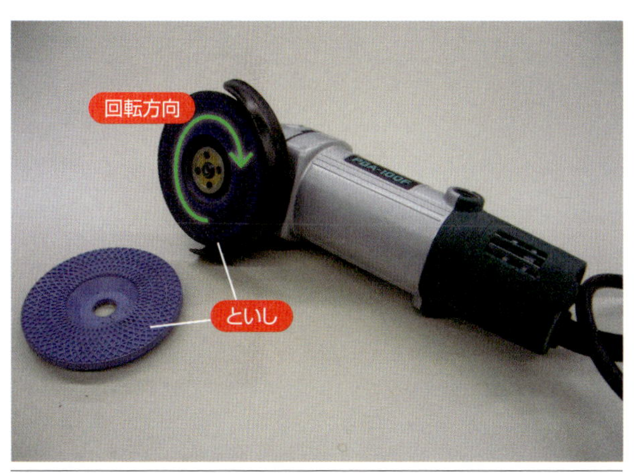

図1.4(f)　電気ディスクグラインダ

1-4 平面研削盤の構造と種類

平面研削盤は「テーブルの形状」と「といし軸の構造」により、細かく分類されています。

(1)テーブルの形状による違い

図1.5に、「角テーブル形平面研削盤」と「回転テーブル形平面研削盤」を示します。

図(a)に示すように、左右に往復運動する角テーブルを持つ平面研削盤を「角テーブル形平面研削盤」といい、(b)に示すように、回転運動する円形のテーブルを持つ平面研削盤を「回転テーブル形平面研削盤」といいます。

「角テーブル形平面研削盤」はテーブルが左右に往復運動しますので、テーブルが反転する場合には、テーブル速度を遅くする必要があり、運動精度も不安定になります。

一方、「回転テーブル形平面研削盤」はテーブルが回転運動ですから、回転速度を高くできますし、運動精度も安定します。このため、一般には、「回転テーブル形平面研削盤」は「角テーブル形平面研削盤」よりも加工能率と加工精度がよいと言われています。ただし、「回転テーブル形平面研削盤」は研削する位置により、回転速度が変化する(回転半径が変化する)ので、研削仕上げ面は幾分悪くなる傾向にあります。

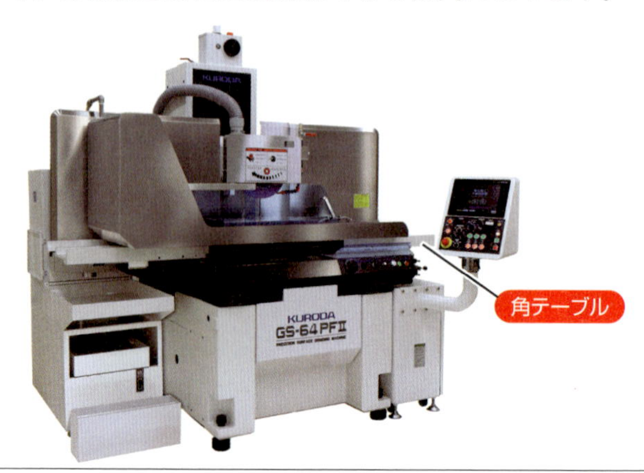

図1.5(a)　角テーブル形平面研削盤(株式会社黒田精工)

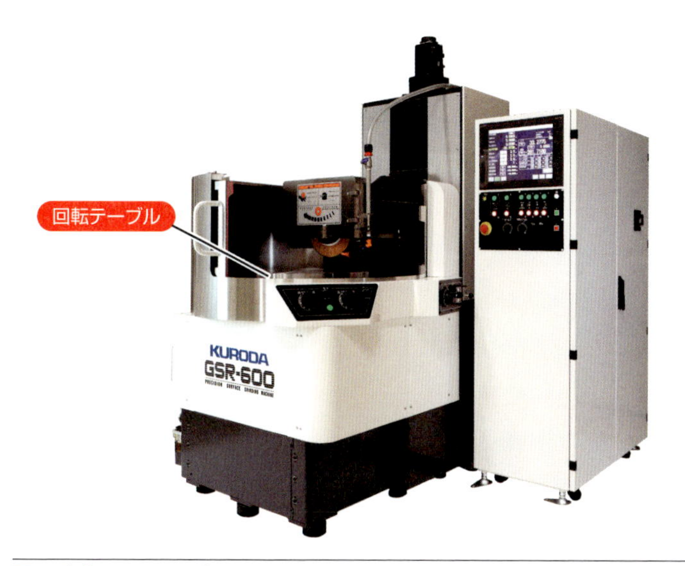

図1.5(b)　回転テーブル形平面研削盤(株式会社黒田精工)

(2)「といし軸」の構造による違い

図1.6に、「立て軸形」と「門形」の角テーブル形平面研削盤を示します。「角テーブル形平面研削盤」は「といし軸の構造」により、2つに分類されます。

前ページの図1.5(a)に示す研削盤は「といし軸」が地面と水平になっているので「横軸形」といわれます。これに対し、図1.6(a)に示す研削盤は「といし軸」が地面と垂直になっているので、「立て軸形」といわれます。

図(b)に示す研削盤は「といし軸」がクロスレール※を移動する構造になっているので、「門形」といいます。

一般に、「立て軸形」、「門形」は「横軸形」よりも、研削仕上げ面がよくなる傾向にあります。ただし、「立て軸形」、「門形」は「といし」が「目づまり※」しやすく、加工時間が長くできない欠点もあります。

このように、平面研削盤だけを見ても、「テーブルの形状」や「といし軸の構造」により、細かく分類されるため、研削盤は非常に多くの種類があります。また、それぞれの研削盤は利点、欠点があるので、研削する目的によって、研削盤を使い分ける必要があります。

本書で解説する(図1.1に示す)研削盤は上記の分類に従い、「横軸角テーブル形平面研削盤」が正式名称となります。

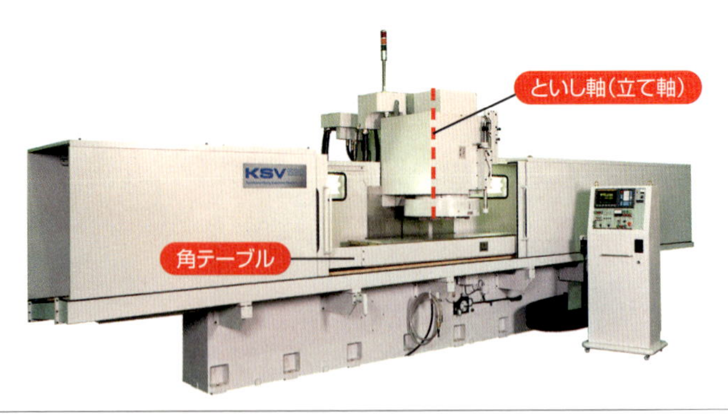

図1.6（a）　立て軸角テーブル形平面研削盤（住友重機械ファインテック株式会社）

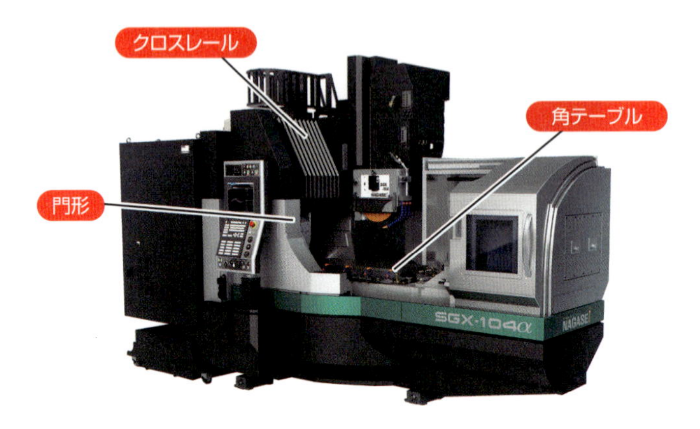

図1.6（b）　横軸門形角テーブル形平面研削盤（株式会社ナガセインテグレックス）

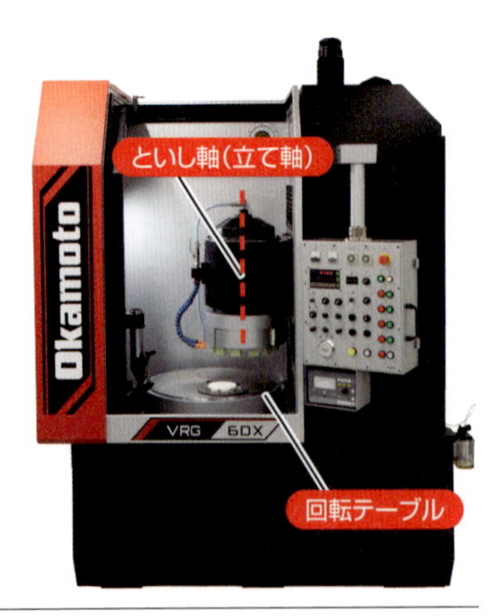

参考図　立て軸回転テーブル形平面研削盤（株式会社岡本工作機械製作所）

ここがポイント！

※目づまり…「研削といし」の切れ味が悪くなる現象（第4章4.8参照）
※JISでは、「回転テーブル形平面研削盤」について、「横軸形図1.5（b）」と「立て軸形（参考図）」は規定していますが、「門形」は規定していません。
※クロスレール…クロスレールとは、といし軸頭を水平に移動させるための摺動部です

1-5 横軸角テーブル形平面研削盤の基本構造

図1.7に、横軸角テーブル形平面研削盤の基本構造を模式的に示します。図に示すように、研削盤の土台となる基礎部分が「ベッド」と呼ばれ、サドルを動かすための案内面を持っています。

また、ベッドの上には、前後に動く「サドル」があり、「サドル」の上には、左右に動く「テーブル」が載っています。

そして、「ベッド」には、「コラム」が垂直に固定されており、コラムには、「といし軸頭」が上下に動くための案内面が付いています。「コラム」は、研削盤の柱で、人間に例えると「背骨（せぼね）」にあたります。

以上が、横軸角テーブル形平面研削盤の基本構造と動きですので、ぜひ覚えてください。

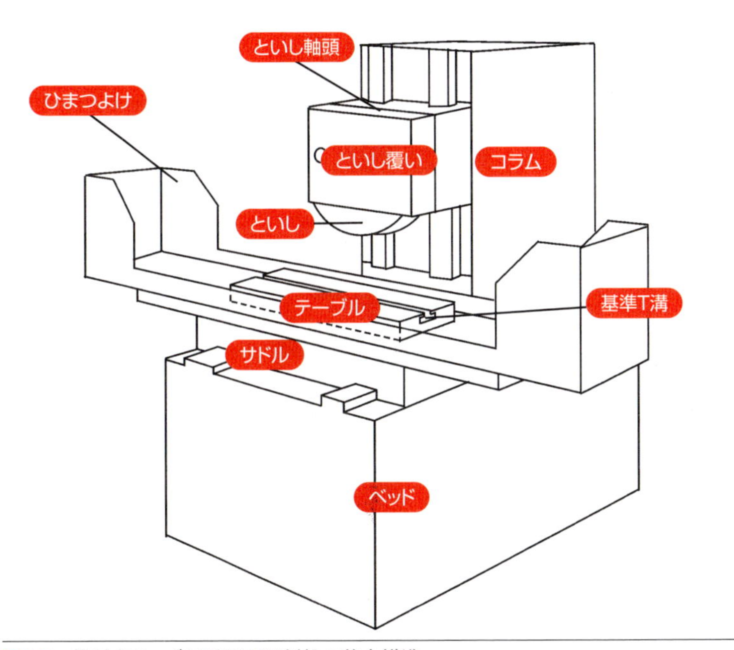

図1.7　横軸角テーブル形平面研削盤の基本構造

1-6 横軸角テーブル形平面研削盤の動き

図1.8に、横軸角テーブル形平面研削盤の動きを示します。図に示すように、先に示した基本構造に従って、サドルが「前後」、テーブルが「左右」、といし頭が「上下」というように、それぞれが動きます。

本書で解説する横軸角テーブル形平面研削盤は、サドルが「前後」に動きましたが、製造メーカーによっては、サドルがなく、コラムが「前後」に動くものもあります。

一般に、サドルが「前後」する研削盤を「サドル移動形」、サドルがなく、コラムが前後する研削盤を「コラム移動形」と呼んでいます。「コラム移動形」は、大きくて重い材料を研削する場合に使用されます。これは、大きくて重い材料を載せたサドル（テーブル）を前後に動かすことは大変で、コラムが前後に動く方が動きやすいと考えた設計仕様になっています。「コラム移動形」はJISでは規定されていません。

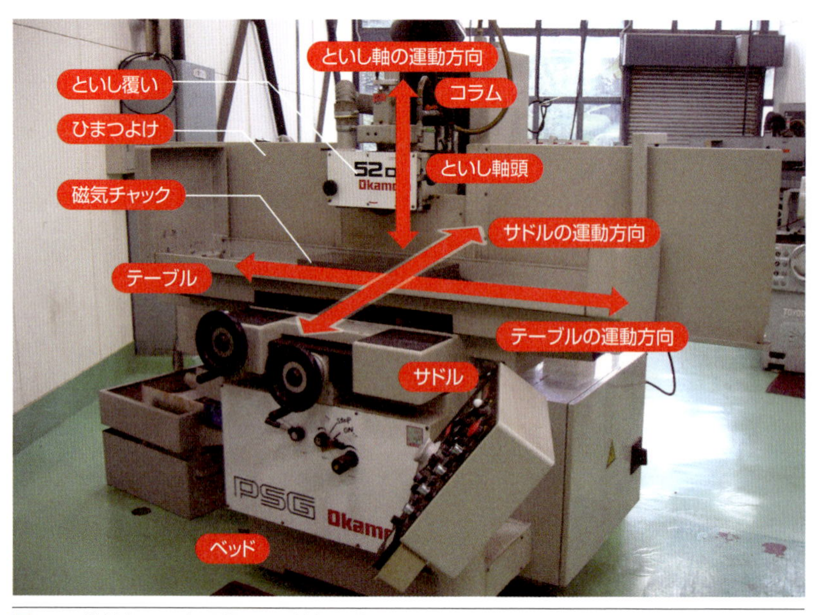

図1.8　横軸角テーブル形平面研削盤の動き

1-7 横軸角テーブル形平面研削盤の大きさ

図1.9に、JISで規定されている横軸角テーブル形平面研削盤の大きさの表し方を示します。図に示すように、横軸角テーブル形平面研削盤の大きさは、「テーブルの大きさ」、「テーブル、または、といし頭の移動量」、および「テーブル上面から、「研削といし」下面までの距離（最も近い距離〜最も遠い距離）」で表します。

また、JISで規定されている以外に、平面研削盤の大きさを表す指標として、「取り付け可能な磁気チャックの大きさ」や「工作物の最大重量（磁気チャックの重さを含む）」なども使用されることがあります。

表1.1に、横軸角テーブル形平面研削盤の仕様書の一部を示します。

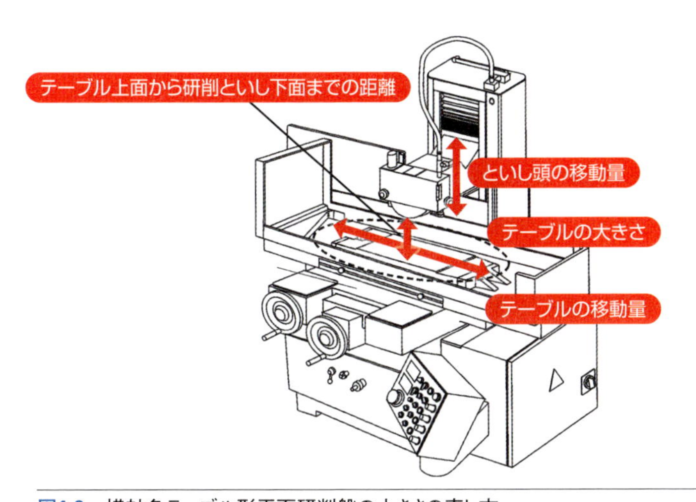

図1.9　横軸角テーブル形平面研削盤の大きさの表し方

テーブルの大きさ（長さ×幅）	550mm×220mm
テーブルの移動量（手動:左右×前後）	660mm×230mm
テーブル上面から研削といしの下面まで（標準といし:外径205mmの場合）	47.5mm×397.5mm
取り付け可能な磁気チャックの大きさ	500mm×200mm×80mm
工作物の最大重量（標準磁気チャックの重さを含む）	200kg

表1.1　横軸角テーブル形平面研削盤の仕様書の一部

1-8 横軸角テーブル形平面研削盤の座標系

図1.10に、横軸角テーブル形平面研削盤の座標系を示します。

横軸角テーブル形平面研削盤の座標の考え方は、JIS B 6310に記載されており、「といし軸頭の動き」を基準に座標系を決めています。すなわち、図に示すように平面研削盤を見て、左右がX軸、上下がY軸、前後がZ軸になります。それぞれの軸にはプラス方向とマイナス方向があり、「といし軸頭の動き」を基準に、X軸は左方向、Y軸は上方向、Z軸は奥方向がプラス方向になります。

ここで注意が必要です。本書で解説する「横軸角テーブル形平面研削盤」の場合には、といし軸頭は上下運動のみ行い、サドルが前後、テーブルが左右に動きますので、サドルとテーブルの「座標系の方向」と「運動の方向」は「逆」になります。

図1.11に、運用における「横軸角テーブル形平面研削盤」の座標系を示します。

図に示すように、例えば、テーブルの左右（X軸）運動を考えた場合、作業者から見て、テーブルが右に移動する方向が「プラス方向」になります。すなわち、作業者から見て、テーブルが右に移動するということは、相対的にといし軸頭が左へ移動したことと同じになるからです。このことは、Y軸（前後方向）でも同じです。

このように、横軸角テーブル形平面研削盤に関わらず、工作機械の座標系（プラス、マイナス）を考える場合には、「といし軸頭（主軸頭）の動き」が基準となりますが、といし軸頭（主軸頭）が任意の方向に固定されたような横軸角テーブル形平面研削盤（工作機械）では、「といし軸頭（主軸頭）の動きを基準にした座標系」と「運動の方向」は逆になりますので注意しなければいけません。

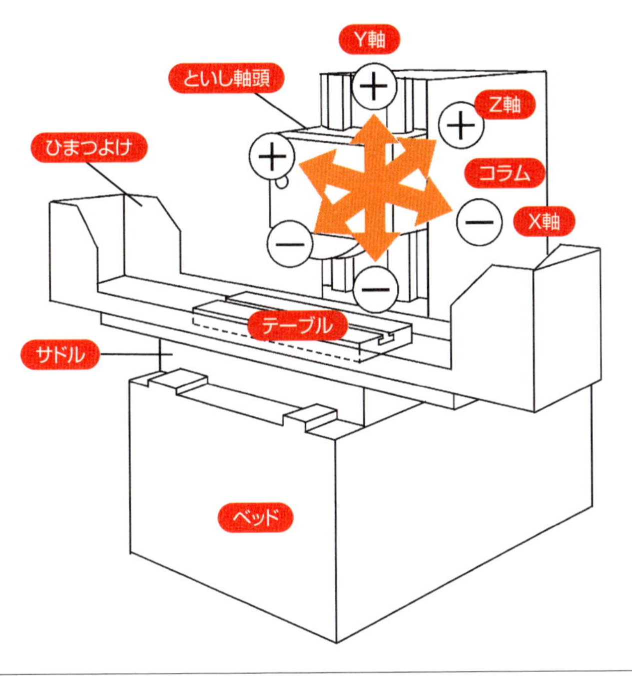

図1.10　横軸角テーブル形平面研削盤の基本的な座標系の考え方

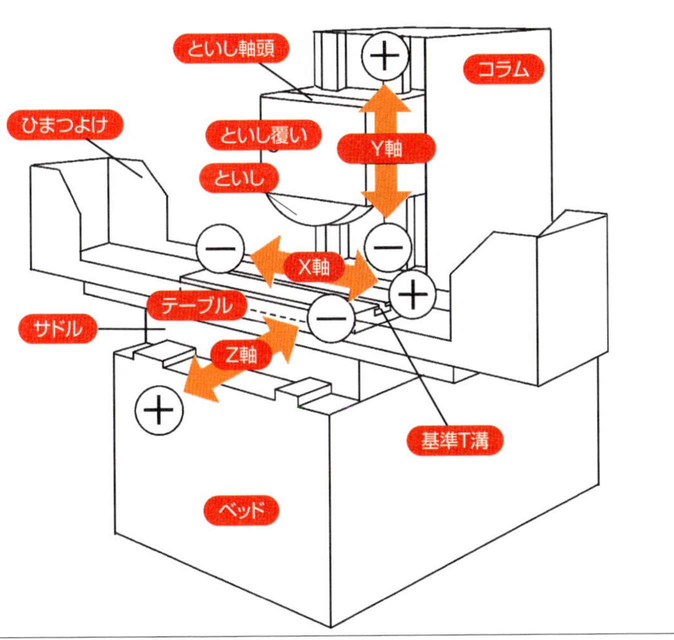

図1.11　横軸角テーブル形平面研削盤の運用上の座標系

1-9 横軸角テーブル形平面研削盤の全体的な名称と働き

図1.12に、横軸角テーブル形平面研削盤の前面と後面を示します。ここでは、横軸角テーブル形平面研削盤の全体的な名称と働きについて説明します。なお、製造メーカーによってハンドルやボタンの位置などが幾分異なりますが、本書と自分の使用する研削盤が違う場合には、研削盤を見比べることもよいでしょう。見比べることによって、製造メーカーの特徴や設計コンセプトを考えるのも勉強になると思います。

①コラム…研削盤を支える柱で、「といし軸頭」を上下に動かすための案内面を持っています。
②といし軸頭…といし軸を備える部分。上下に往復運動します。
③といし…研削盤で使用する刃物(研削といし)。
④といし覆い(カバー)…安全のための「研削といし」の覆い。
⑤ドレスユニット…ダイヤモンドドレッサを取り付け、ツルーイング・ドレッシング作業が研削といしの上部で行える装置。

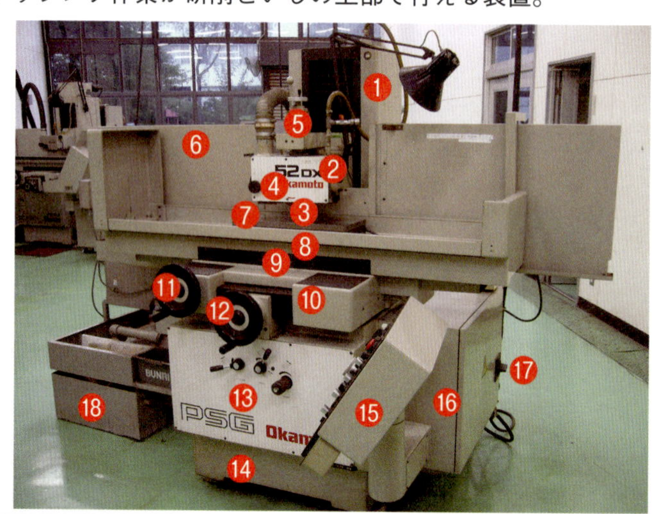

図1.12-a　横軸角テーブル形平面研削盤の各部の名称(前面)

⑥ひまつよけ(スプラッシュガード)…研削油剤のしぶきをよけるもの。
⑦磁気チャック…磁力を利用した工作物の固定具。
⑧テーブル…工作物(磁気チャック)を取り付ける台。左右に往復運動します。
⑨テーブル用ドグ…テーブルの運動範囲を調整するもの。
⑩サドル…テーブルを支え、前後に往復運動する台。
⑪テーブル左右送りハンドル…テーブルを左右に送る手動ハンドル。
⑫サドル前後送りハンドル…サドルを前後に送る手動ハンドル。
⑬テーブル・サドル送り速度調整レバー…テーブルとサドルの送り速度を調整するレバー。
⑭ベッド…研削盤の基礎となる台。
⑮操作盤…研削盤を操作するパネル。
⑯制御盤…研削盤を動かすための制御板が入っています。
⑰主電源スイッチ…研削盤の電源スイッチ。
⑱研削油タンク…研削油を貯めるタンク(研削油剤は循環式です)。
⑲といし軸モータ…といし軸を回転させるためのモータ。
⑳といし軸頭上下送りモータ…といし軸頭を上下に送るモータ。
㉑潤滑油タンク…潤滑油を貯めるタンク。
㉒油圧ポンプモータ…潤滑油を研削盤全体に送るためのモータ。
㉓吸じん装置…空気中に浮遊する研削油剤のしぶき(粒子)や切りくずを吸い取る装置。

図1.12-b　横軸角テーブル形平面研削盤の各部の名称(後面)

(1)テーブルとサドルの送り速度調整レバーの説明

図1.13に、横軸角テーブル形平面研削盤の前面にあるテーブルとサドルの送り速度調整レバーを示します。図に示す各レバーにより、テーブルおよびサドルの送り速度を調整することができます。

各レバーの説明を、以下に示しますので確認してください。

①テーブル左右送り速度調整レバー…レバーを真下にすると、テーブルが停止します(テーブルの油圧シリンダが停止)。そして、レバーを時計方向に回すほど、テーブルの送り速度が大きくなります。

②サドル前後送り速度調整レバー…レバーを中立にすると、サドルは停止します(運動はしません)。そして、レバーを中立の位置から反時計方向に回すと、サドルが連続送り※でき、レバーを回すほどサドルの送り速度は大きくなります。一方、レバーを中立の位置から時計方向に回すと、サドルを間欠送り※できます。間欠送り量の調整は、③に示すノブで行います。

③間欠送り量調整ノブ…ノブを反時計方向に回すと、サドルの間欠送り量が大きくなり、ノブを時計方向に回すと、サドルの間欠送り量が小さくなります。ノブの中央にある軸が間欠送り量の目安で、軸の突き出し量が長いほど間欠送り量が大きく、軸の突き出し量が短いほど、間欠送り量は小さくなります。

④タリーバルブ…「タリー」とは、テーブルが反転するときに、テーブルを一瞬停止することを言います。テーブルが反転するときは、運動の方向が180°変わるため、振動が非常に大きくなります。この振動を防ぐために、テーブルの折り返し点で数秒間テーブルの送りを停止させます。タリーは、振動を防止することに加えて、工作物両端の削り残しを無くすためにも使用されます(円筒研削の場合)。
なお、「タリー」は、「ドウェル」とも言われます。

本書で示す平面研削盤の場合のタリーバルブの調整方法は、**表1.2**のようになっています。マイナスドライバーなどを使って調整します。

※連続送りと間欠送り…第４章④-⑥で説明していますので、参照してください。連続送りは「バイアス研削」、間欠送りは「トラバースカット研削」のことです。

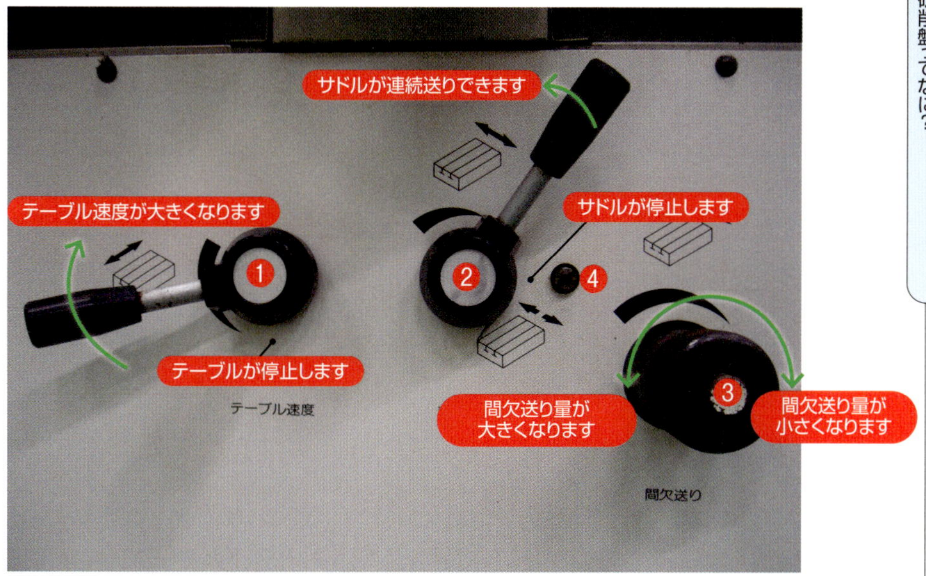

図1.13　テーブルとサドルの送り速度調整レバー

タリーバルブの向き	⦶	⊘	⊖
テーブルショック（振動）	大きい	小さい	テーブル停止
テーブル反動時間（タリー時間）	小さい	大きい	

表1.2　タリーバルブの向きとテーブルショック

1-10 円筒研削盤の基本構造と各部の名称および座標系

図1.14に、円筒研削盤の基本構造と各部の名称、および座標系を記した模式図を示します。

図に示すように、円筒研削盤の基本構造は、土台となる基礎部分が「ベッド」で、Tの字になっています。そして、ベッドには、テーブルを左右(Z軸方向)に運動させるための「テーブルサドル」と、といし軸を前後(X軸方向)に運動させるための「といし軸頭サドル」が載っています。

さらに、「テーブル」には、「工作主軸台」と「心押台」が載っており、この部分で工作物を保持します。

円筒研削盤では、図面上、Y軸がありますが、実際には、Y軸方向には動きません。

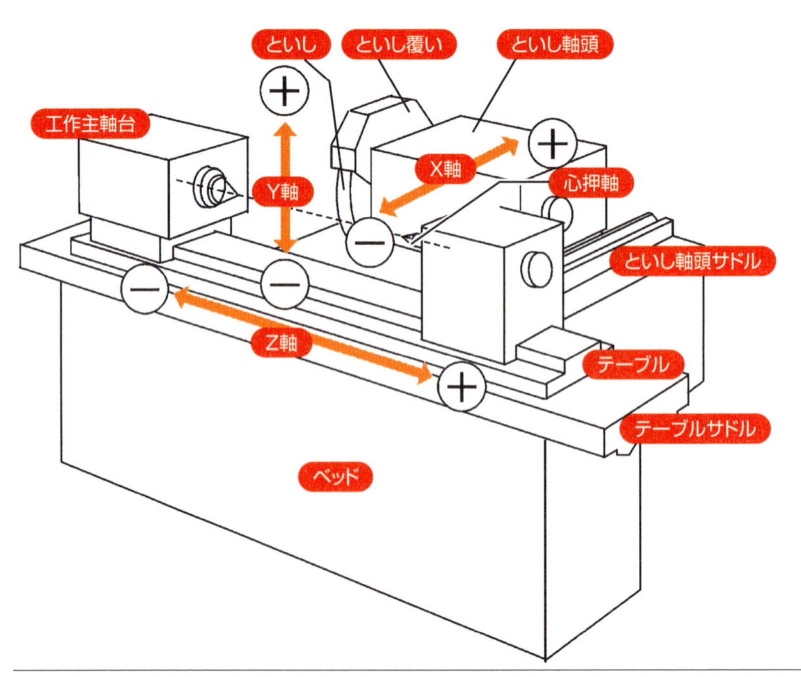

図1.14 円筒研削盤の基本構造と各部の名称および座標系

1-11 研削盤作業と法律（規則）

研削盤作業の一部は、「労働安全衛生法」という法律に基づき守るべき規則が決められています。このことからも、研削盤作業が非常に危険であることがわかります。以下に、労働安全衛生規則に定められている代表的なものを示します。研削盤作業を行う際は、下記に示す規則を必ず守ってください。なお、ここで示す文章は、わかりやすいように法律文章を一部変更しています。

1. 「研削といし」の取替えまたは取替え時の試運転は、厚生労働省令で定める危険又は有害な業務に規定されており、これを実施する作業者は、作業に関する特別教育を受講した者に限られる（労働安全衛生規則36条）。
2. 「研削といし」の破裂事故が発生した場合には、その報告書を所轄労働基準監督署長に提出しなければならない（労働安全衛生規則96条）。
3. 「研削といし」が回転中はといし覆い（といしカバー）を閉めなければならない（労働安全衛生規則117条）。
4. 「研削といし」はその日の作業を開始する前には1分間以上、研削といしを取り替えたときには3分間以上試運転をしなければならない（労働安全衛生規則118条）。
5. 「研削といし」は最高使用周速度を超えて使用してはならない（労働安全衛生規則119条）。
6. 1号平形の「研削といし」は側面を使用してはいけない（労働安全衛生規則120条）。
7. 換気が不十分な場所で、乾式研削を行ってはいけない（労働安全衛生規則286条）。

1-12 研削盤作業で使う専門用語を学ぼう

研削盤作業では、いくつかの専門用語があります。ここでは、研削盤作業を行う上で、知っておきたい専門用語について説明したいと思います。ここで説明するほかにも、研削盤作業では、多くの専門用語があり、このような専門用語は、JIS（日本産業規格）で決められていますので、機会があれば読んでみてください。

ひとくちコラム

日本産業規格（JIS）と国際標準化機構（ISO）

「日本産業規格（JIS）」とは、日本における工業製品の標準化（品質の安定）を目的としてつくられた規格で、旋盤作業をはじめとして、機械加工全般の決まり事が記載されています。

最近では、日本でも海外製品が多く見られ、さまざまな製品が全世界を流通しています。このため、工業製品に対する世界共通の規則もあります。これが、国際標準化機構です。国際標準化機構とは、国際的に流通する工業製品の標準化（品質の安定）を目的とする国際機関で、各国の標準化機関の連合体です。簡単に言うと、日本に流通する工業製品に対し定めた規則が「JIS」、世界的国際的に流通する工業製品に対し定める規則が「ISO」です。

(1)「機械加工」

「機械加工」は「機械を使って新しいものをつくる」という意味です。したがって、「研削加工」は「機械加工」の一種です。

「研削加工」は「研削盤を使って新しいものをつくる」という意味になります。

(2)「研削」、「切削」、「研磨」

「といし」を使用する加工方法を「研削」と言います。そして、フライス加工や旋盤加工、ドリル加工のように、「刃物」を使用する加工方法を「切削」と言います。さらに、歯磨き粉のように、ペースト状や液状のもので材料を磨く加工方法を「研磨」と言います。これらのイメージは、下図を参照してください。

(3)「研削工具」、「切削工具」、「工作物」

研削で使用する「といし」、および「研磨」で使用する「と粒※」を研削工具、切削で使用する刃物を「切削工具」と言います。そして、研削、切削、研磨など機械加工では、材料のことを「工作物」と言います。

※「と粒」は、第2章で詳しく説明していますので参照してください。

参考図　機械加工の種類

1-13 キリコ

図1.15、図1.16に、研削加工で発生した「切りくず」と、顕微鏡で観察した「切りくず」を示します。機械加工では、工作物を除去することによって「削りカス」が発生します。この「削りカス」を「切りくず」と言います。加工現場では、一般に「キリコ」と呼ばれます。

図に示すように、研削加工で発生する「切りくず」は、目視では砂のように見えますが、顕微鏡で拡大すると、旋盤加工やフライス盤加工と同じように、流れ形の形状になっていることが確認できます（鉄鋼の場合）。

図1.15　研削加工で発生した切りくず

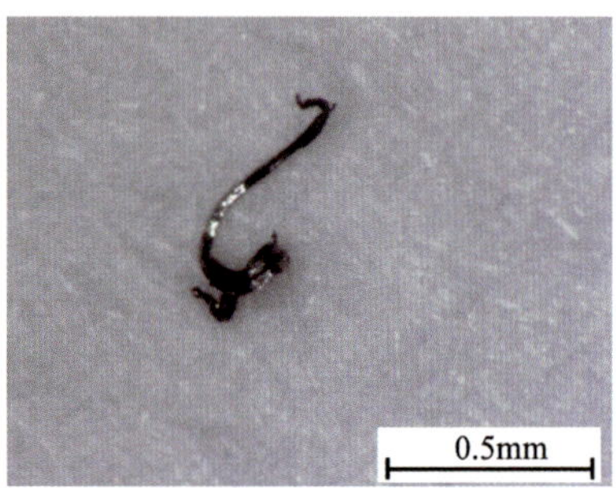

図1.16　研削加工で発生した切りくず（鉄鋼）の拡大写真

1-14 NC研削盤ってなに？

図1.17に、NC研削盤を示します。研削盤には、本書で解説しているような、「ハンドルで操作する研削盤」と、「本体に取り付けられた操作パネルを使ったプログラム入力（数値情報）により操作する研削盤」があります。後者に示した「プログラム入力（数値情報）により操作する研削盤」のことを「数値制御研削盤」と言います。「数値で制御する」を英語にするとNumerical Control（ニューメリカル・コントロール）となり、この頭文字を取って「NC」と呼んでいます。

NC研削盤が発売された1970年代では、紙テープを使って数値制御を行っていましたが、近年では、操作パネルにコンピュータを内蔵し、数値制御をコンピュータで行えるようになっています。このため、コンピュータによる数値制御という意味で、「Computer Numerical Control研削盤」、略して「CNC研削盤」とも言われています。

NC研削盤はプログラム（数値制御）で加工を行えるので、ハンドル操作では難しい曲線などの複雑な加工を行うことが可能です。また、自動化が行えるので大量に同じものをつくる場合に適しています。

一般に、本書で解説するような手動の研削盤では、テーブルの送り機構に油圧シリンダが使用されています。油圧シリンダを動かす潤滑油は、低温では硬く、高温では軟らかく（滑らかに）なるので、温度の影響を受けやすく、正確な送り速度を設定できません。一方、NC研削盤では、すべての送り機構にボールねじを使用しており、送り速度を正確に制御できるようになっています。また、油圧シリンダ（潤滑油）を使用しないので、環境対策にも優れています。

図1.17　NC研削盤の外観（株式会社岡本工作機械製作所）

NC研削盤を数値情報により操作する場合には、NC工作機械特有のプログラムを知っておくことが必要です。このプログラムのことを「NCプログラム」と言います。

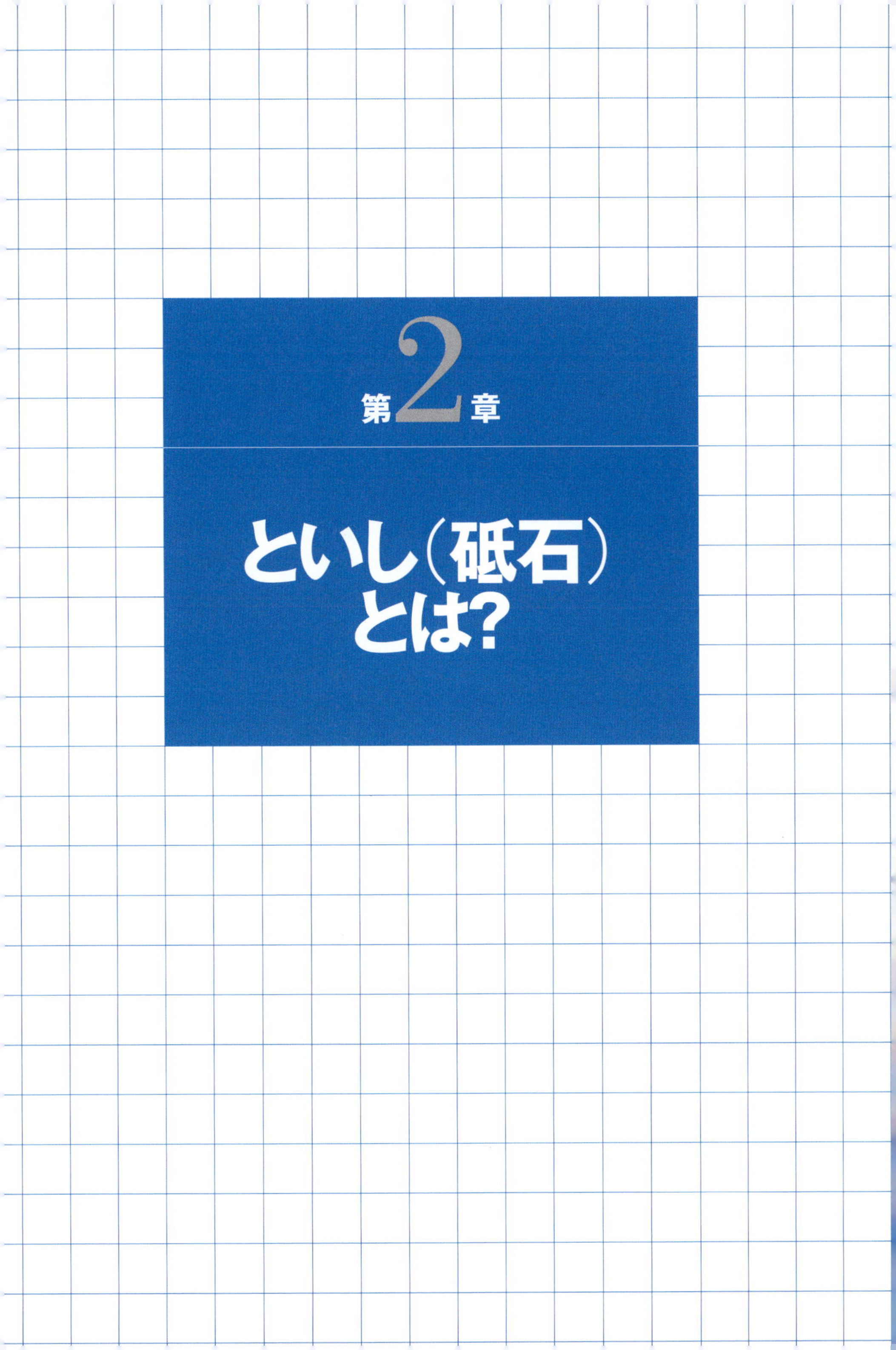

第2章

といし（砥石）とは?

2-1 といし（砥石）とは？

図2.1に、「といし（砥石）」を示します。「といし」は研削加工に使用する「刃物」です。一般的には、「砥石」と漢字で表現されることが多いですが、JIS R 6004では、「漢字」ではなく、「ひらがな」で定義しています。したがって、正式には、「といし」と書きます。

「といし」には、「回転させて使うもの」と「回転させないで使うもの」があり、研削加工のように、回転させて使う「といし」を、「研削といし」と言います。一方、回転させないで使うものには、「手とぎといし（スティックといし）」（**図2.2**）があります。

「研削といし」は旋盤加工で使用する「バイト」やフライス加工で使用する「正面フライス」、「エンドミル」と同様に、非常に多くの種類があります。本章では、「研削といし」の基本構造や種類について説明します。

ここがポイント！ 「研削といし」は、「といし車（ぐるま）」と言われる場合もあります。

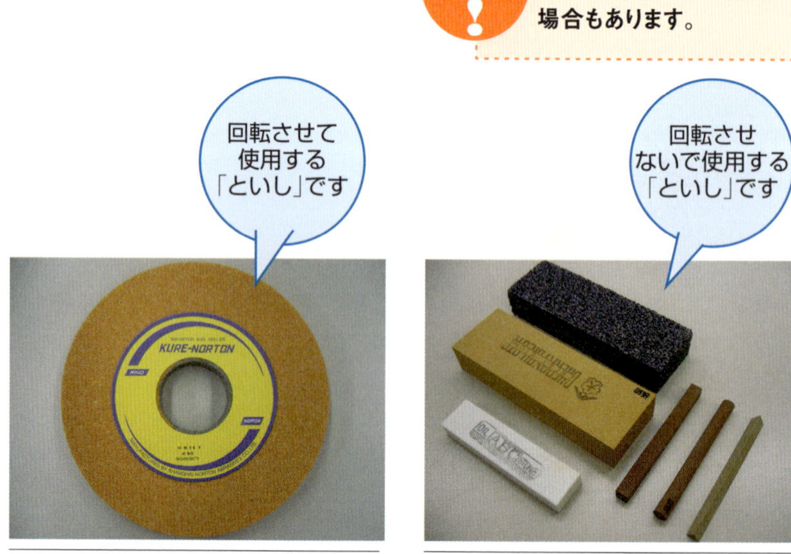

図2.1　研削といし

図2.2　手とぎといし（スティックといし）

2-2 「研削といし」の基本構造

図2.3に、「研削といし」の拡大写真を示します。図に示すように、「研削といし」は、「小さな石」が固められており、石と石の間には空洞があります。このように、「研削といし」は、見かけ上、「小さな石」と「空洞」の構造になっていることがわかります。

ここで、もう一つ、目には見えないものがあり、「研削といし」には、石と石を固めるための「接着剤」が含まれています。

すなわち、「研削といし」は「小さな石」、「空洞」、「接着剤」の3つで構成されています。この構造を模式的に表すと、図2.4のようになります。このような構造は、私たちの身近なものに例えることができます。それは、「雷おこし」です。図2.5に、「雷おこし」を示します。図に示すように、「雷おこし」の構造は、「米」、「空洞」、「水あめ(米を繋ぐ接着剤)」であり、「研削といし」の構造と全く同じです。

「研削といし」の構造は「雷おこし」と同じと覚えればよいでしょう。

図2.3 「研削といし」の拡大写真

図2.4　「研削といし」の構造を表した模式図

図2.5（a）　雷おこし

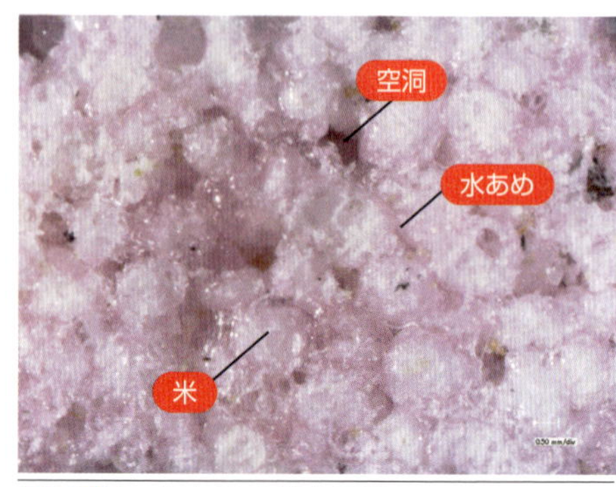

図2.5（b）　雷おこしの拡大写真

2-3 「と粒」、「結合剤」、「気孔」とは？

先の説明で、「研削といし」の基本構造は「小さな石」と「空洞」と「接着剤」であると説明しましたが、この3つは、「研削といし」の性質（性格）を決める重要なものです。以下に、詳しく説明したいと思います。

図2.6に、研削加工の模式図を示します。図に示すように、研削加工では、一つ　一つの石が材料を削る「切れ刃」の役割をします。すなわち、大きな目で研削加工を見た場合には「研削といし」が「刃物」の役割をしていますが、小さな目で研削加工を見た場合には、一つ一つの「小さな石」が「刃物」と考えられます。

この「小さな石」のことを、正式には、「と粒」と言います。一般に、「砥粒」と書かれる場合が多いですが、JIS R 6004では、「といし」と同様に、「と粒」と「ひらがな」で定義しています。

そして、「と粒」は単なる石ですから、「研削といし」のように丸い形状をつくるためには、「と粒」と「と粒」を接着剤で固めなければいけません。この接着剤のことを、正式には、「結合剤」と言います。「と粒」を結びつけている「結合剤の強さ」は、「研削といしの硬さ」に置き換えて考えることができます。つまり、硬い「研削といし」は結合剤が強いということになります。

さらに、「と粒」と「と粒」は完全に密着しているのではなく、「と粒」と「と粒」の間には「空洞」があります。この「空洞」は「と粒」が工作物を削ったときに発生する「切りくず」を効果的に排出する役割や「研削といし」の温度を冷やす役割があり、研削加工にとって非常に重要な働きをします。この空洞のことを、「気孔（きこう）」と言います。

以上のように、「研削といし」は「と粒」と「結合剤」と「気孔」の三つから構成されています。そして、「と粒」、「結合剤」、「気孔」は「研削といしの3要素」と呼ばれます。

図2.7に、「研削といしの3要素」を示します。

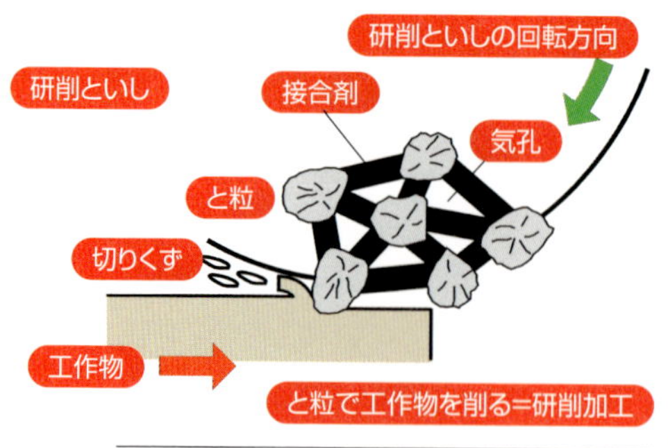

図2.6 研削加工の模式図

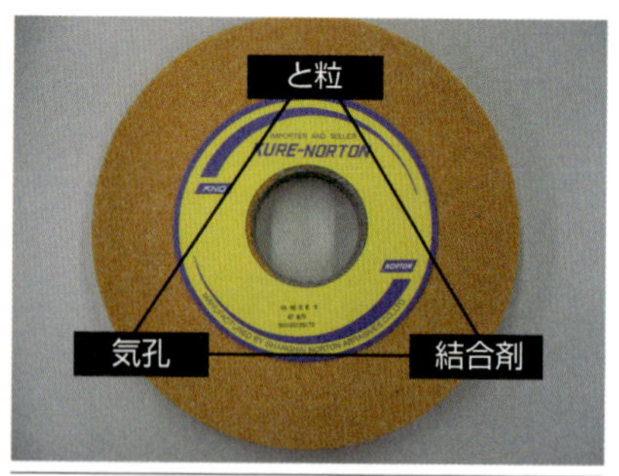

図2.7 「研削といし」の3要素

2-4 「研削といし」の明細表示(検査票)

図2.8に、「研削といし」に添付されている明細(検査票)を示します。「研削といし」を購入した場合には、必ず「研削といし」に明細が張り付けられています。この明細は「研削といし」が適切に正しく安全に使用されるために、製造メーカーが「研削といし」の情報をユーザーに提供することを目的としています。すなわち、この明細に記載されている情報が「研削といし」の性能を表しています。

明細の表示情報はJIS R 6242で決められており、製造メーカーが勝手に固有の情報を記載してはいけないことになっています。

表2.1に、JISに規定されている明細の表示順序を示します。以下に、それぞれの項目に従い詳しく説明したいと思います。

KGW 検 査 票 NORTON
最良の品質
最高の性能

ツール
コード
形 状 1A
寸 法 205X19X50.8

と 粒 GC　　粒 度 220
結合度 G　　組 織 8
結合剤 V

最高使用周速度 2000 m/min

図2.8 「研削といし」の明細(検査票)

①	形状および縁形
②	大きさ(外径、厚さ、孔径)
③	「と粒」の種類
④	粒度(「と粒」の大きさ)
⑤	結合度(「研削といし」の硬さ)
⑥	組織(「と粒」の密度)
⑦	結合剤の種類
⑧	最高使用周速度

表2.1 「研削といし」の明細(検査票)に表示されるべき内容

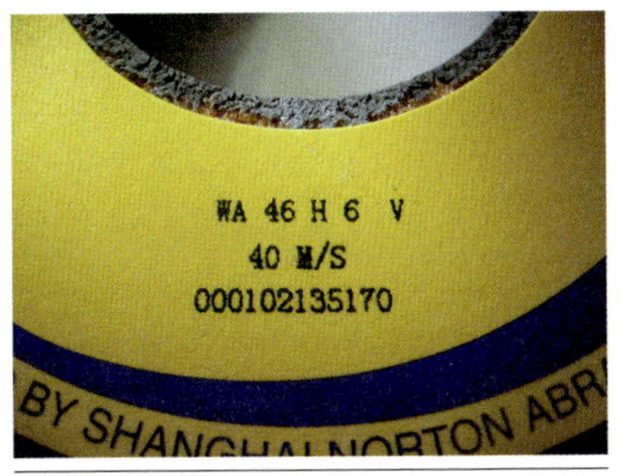

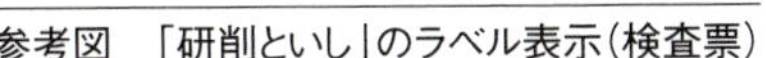
参考図　「研削といし」のラベル表示(検査票)

※「研削といし」に関する情報は、明細だけではなく、ラベルにも記載されています(参考図参照)。

(1)「研削といし」の形状

図2.9に、いろいろな形状の「研削といし」を示します。「研削といし」の形状には、研削盤の種類や研削加工の目的に応じて多くの種類があり、図に示す「研削といし」はその一例です。

「研削といし」の形状には、それぞれ記号が付けられており、「平形」は1号、「ストレートカップ形」は6号、「テーパカップ形」は11号、「皿形」は12号、「軸付といし」は52号となっています。

「研削といし」のすべての形状と形状記号を覚える必要はなく、このような規格があることだけ覚えておくとよいでしょう。さらに詳しく知りたい方はJISを参照してください。

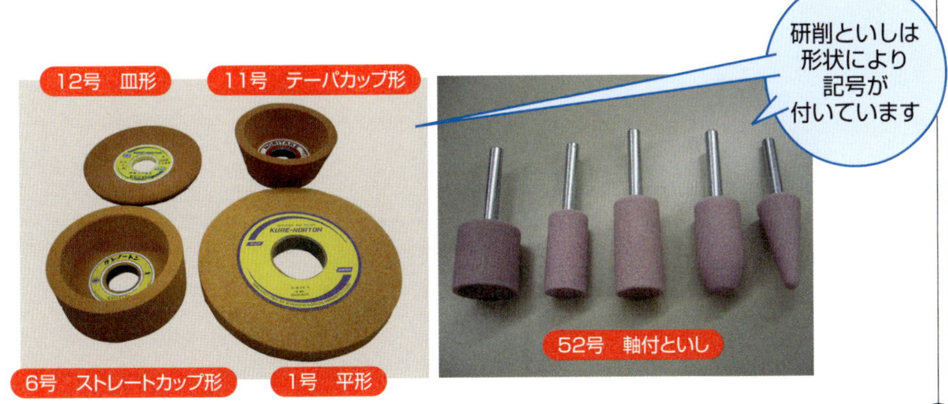

図2.9　「研削といし」のいろいろな形状

(2)「研削といし」の縁形(ふちがた)

図2.10に、「研削といし」の縁形(ふちがた)の模式図を示します。研削加工では、工作物を任意の形状に研削するために、「研削といし」の外周面を成形することがあり、「研削といし」の外周面形状を「縁形(ふちがた)」といいます。

JIS R 6242では、1号平形の「研削といし」の縁形を16種類標準化しており、図に示すように、アルファベットのB～Sの記号を付けています。

1号平形の「研削といし」の外周面をそのまま使用する縁形(90°の角形状)をAと規定しています。

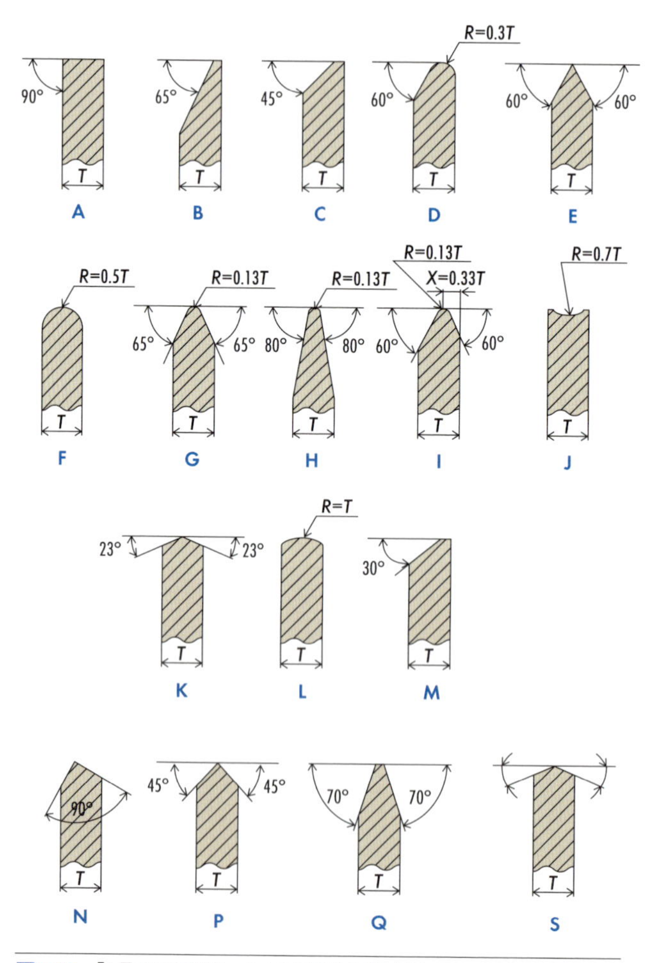

図2.10　「1号平形研削といし」の縁形と記号(JIS R 6242)

(3)「1号平形研削といし」の大きさ

図2.11に、「研削といし」の大きさを示します。図に示すように、「1号平形研削といし」の大きさは「外径寸法、厚さ寸法、孔(あな)径寸法」により決められます。

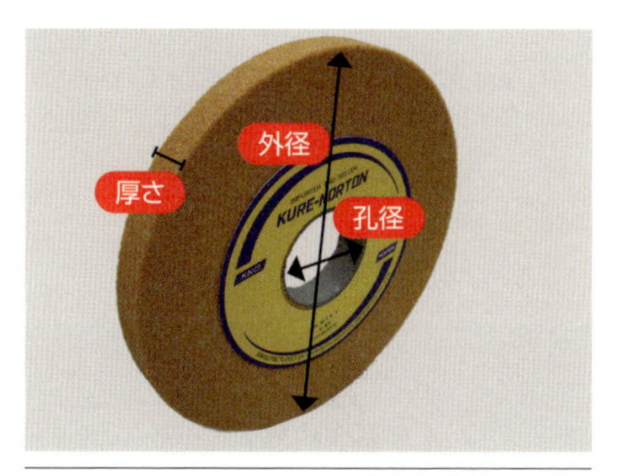

図2.11　「1号平形研削といし」の大きさ

(4)「と粒」の種類

図2.12に、「と粒」を示します。図に示すように、「と粒」はサラサラの砂状で、これを結合剤とともに型に入れて焼結すると「研削といし」になります。

図2.13に、結晶化した「と粒」の塊（かたまり）を示します。この塊を機械的に粉砕したものが、「と粒」になります。

「と粒」の基本的な種類は「アルミナ質と粒」と「炭化けい素質と粒」の2種類があり、製造方法や性状の違いより、さらに細かく分類されます。

表2.2に、JIS R 6111に規定されている「と粒」の種類を示します。表に示すように、JISでは、8種類の「と粒」を定義しています。この中で、図に示す、**A**（褐色アルミナ質と粒）、**WA**（白色アルミナ質と粒）、**C**（黒色炭化けい素質と粒）、**GC**（緑色炭化けい素質と粒）の4種類が最も一般的に使用される「と粒」です。

研削盤作業では、表に示す「と粒」の製法や性状を覚える必要はありませんが、工作物の材質によって「と粒」の種類を使い分けることだけ覚えておいてください。

以下に、それぞれの「と粒」の特徴と使用例を簡単に示します。

図2.12　と粒

図2.13　と粒の塊

種類の区分及びその記号		製法(参考)	性状(参考)
材質による区分	成分による区分		
アルミナ質研削研磨材(A)	褐色アルミナ研削研磨材(A)	主としてボーキサイトから成るアルミナ質原料をアーク式電気炉で溶融還元し、凝固させ、主成分がアルミナから成り、適量の酸化チタンを含む塊を粉砕整粒したもの。	主として酸化チタンを固溶したコランダム(α-アルミナ)結晶から成り、全体として褐色を帯びる。
	白色アルミナ研削研磨材(WA)	バイヤー法で精製したアルミナをアーク式電気炉で溶融し、凝固させた塊を粉砕整粒したもの。	コランダム(α-アルミナ)結晶から成り、全体として白色を帯びる。
	淡紅色アルミナ研削研磨材(PA)	バイヤー法で精製したアルミナに適量の酸化クロム、必要によって酸化チタンから成る原料を加え、アーク式電気炉で溶融し、凝固させた塊を粉砕整粒したもの。	コランダム(α-アルミナ)結晶から成り。全体として淡紅色を帯びる。
	単結晶アルミナ研削研磨材(HA)	ボーキサイトから成るアルミナ質原料、又はバイヤー法で精製したアルミナをアーク式電気炉で溶融し、凝固させた塊を解砕又は粉砕し、整粒したもの。	主としてコランダム(α-アルミナ)の単一結晶から成る。
	人造エメリー研削研磨材(AE)	主としてボーキサイトから成るアルミナ質原料をアーク式電気炉で溶融還元し、凝固させた塊を粉砕整粒したもの。	主としてコランダム(α-アルミナ)結晶とムライト結晶とから成り、全体として灰黒色を帯びる。
アルミナジルコニア質研削研磨材(Z)	アルミナジルコニア研削研磨材(AZ)	主としてバイヤー法で精製したアルミナにジルコニア質原料を加え、アーク式電気炉で溶融し、凝固させた塊を粉砕整粒したもの。ジルコニア含有量の異なるAZ(25)とAZ(40)とがある。	主としてコランダム(α-アルミナ)結晶とアルミナジルコニア共晶部分とから成り、全体としてねずみ色を帯びる。
炭化けい素質研削研磨材(C)	黒色炭化けい素研削研磨材(C)	主としてけい石及びけい砂から成る酸化けい素質原料とコークスとを抵抗式気炉で反応生成させた塊を粉砕整粒したもの。	α炭化けい素結晶から成り、緑色炭化けい素研削研磨材より低純度で、全体として黒色を帯びる。
	緑色炭化けい素研削研磨材(GC)	主としてけい石及びけい砂から成る酸化けい素質原料とコークスとを抵抗式電気炉で反応生成させた塊を粉砕整粒したもの。	α炭化けい素結晶から成り、黒色炭化けい素研削研磨材より高純度で、全体として緑色を帯びる。

括弧内の記号は、種類の記号を表す。

表2.2　人造研削研磨剤の種類

① A（アルミナ質と粒）

A（褐色アルミナ質と粒）は色は「褐色」で、他の「と粒」に比べ硬さは幾分低いが、粘さは最も高くなっています。自由研削（両頭グラインダ）や一般鋼材の精密研削作業に使用します。

WA（白色アルミナ質と粒）は「白色」で、アルミナ質の純度が99％以上と「と粒」に不純物がほとんどありません。「Aと粒」より硬さが高いが、粘さは低いです。このため、WAと粒は研削加工中に「と粒」が微小破壊しやすく、常に鋭利な「と粒」で加工でき、よい切れ味です。この性質を生かし、合金鋼、工具鋼、焼入鋼など比較的硬い材料の精密軽研削作業に使用します。

PA（淡紅色アルミナ質と粒）は「桃色」で、「WAと粒」と同様に、アルミナ質の純度が99％以上と「と粒」に不純物がほとんど含まれていません。「PAと粒」は、「WAと粒」に幾分粘さを持たせるためにつくられたものであり、用途は「WAと粒」とほぼ同じで、合金鋼、工具鋼、焼入鋼など比較的硬い材料の精密軽研削作業に使用します。

HA（解砕型アルミナ質と粒）は「灰白色」で、他の「と粒」と違う製造工程でつくられることから、「と粒」の形状が均一化されており、WAと粒で研削しにくい材料や仕上げ面粗さが悪くなる材料など、特に精密な研削作業に使用されます。

AE（人造エメリーと粒）は「灰黒色」で、「研削といし」として使用されることはほとんどなく、一般に、「と粒」を吹き付けるブラスト加工や磨き加工に使用され、「と粒」として使用されることが多いです。

AZ（アルミナジルコニア質と粒）は「ねずみ色」で、粘さが非常に高く、重研削作業に使用します。

AE（人造エメリーと粒）と**AZ**（アルミナジルコニア質と粒）は少し特殊です。

A（アルミナ質と粒）は単結晶（HA）、白色（WA）、褐色（A）の順で硬く、切れ味も良くなります。

②C（炭化けい素質と粒）

C（黒色炭化けい素質と粒）は「黒色」で、と粒（炭化けい素）の純度が95％以上です。「Cと粒」は「A、WAと粒」に比べて硬さが大きいが、粘さは低くなっています。「Cと粒」は鉄鋼を研削すると消耗が早く、研削仕上げ面が曇るという欠点があるため、一般に、アルミニウム合金や銅合金など非鉄金属(磁石に付かない材料)や鋳鉄など硬くて脆い材質、超硬合金などの研削作業に使用します。

GC(緑色炭化けい素質と粒)は「緑色」で、「Cと粒」に比べて純度が高く、と粒(炭化けい素)の純度が99%以上です。「Cと粒」は「人造と粒」の中で最も硬さが高い一方で、粘さが最も低くなっています。このため、超硬合金のように特に硬い材料の研削作業に使用します。

気をつけよう

アルミナ質と粒を「アランダム」、炭化けい素質と粒を「カーボランダム」という場合がありますが、「アランダム」はノートン社(アメリカ)、「カーボランダム」はカーボランダム社(アメリカ)の商品名です。ISOやJISで規定された用語ではありません。

(5)粒度(「と粒」の大きさ)

「粒度」とは、「と粒」の大きさを表す呼称(こしょう)です。簡単に言うと、「と粒」の大きさは「粒度」という単位で表現されます。

図2.14に、「と粒」の大きさが違う「研削といし」の拡大写真を示します。図に示すように、「研削といし」はある程度、大きさが同じ「と粒」を焼結してつくられています。このため、「研削といし」をつくる場合には、あらかじめ、「と粒」の大きさを揃える必要があります。

この選別作業に使用されるのが、「ふるい(ザル)」で、「と粒」の大きさは、「ふるい(ザル)」の目の大きさによって決まります。すなわち、「粒度」とは、「ふるい(ザル)」の目の大きさを示しています。

例えば、粒度80の「研削といし」は、1インチ(約25.4mm)を80等分したふるい(ザル)を用意し、このふるい(ザル)で選別された大きさの「と粒」を持つ「研削といし」ということになります。つまり、「粒度」が小さくなるほど、ふるい(ザル)の目が大きくなるので、選別される「と粒」は大きくなり、一方、粒度の数字が大きくなるほど、ふるい(ザル)の目が小さくなるので、選別される「と粒」は小さくなります。したがって、図

「アルミナ質と粒」と「炭化けい素質と粒」はともに、自然界には存在せず、人工的につくられた「と粒」で、「人造と粒(研削材)」と呼ばれます。

図2.14（a）　粒度46のGC研削といしの拡大写真

図2.14（b）　粒度120のGC研削といしの拡大写真

図2.14（c）　粒度220のGC研削といしの拡大写真

に示すように、「粒度」が小さいほど、「と粒」が大きくなります。

「粒度」は研削といしの製造メーカーが勝手に設定できるのではなく、ISOおよびJISにより、標準となる「粒度」が規定されています。

表2.3、**表2.4**、**表2.5**に、「研削といし」の粒度を示します。表に示すように、粒度が4～220までは、粗い「と粒」という意味で、「粗粒（そりゅう）」と分類され、粒度が230～8000までは、微小な粉（こな）という意味で「微粉（びふん）」と分類しています。（**図2.15**参照）

ここで、**表2.3**、**表2.4**は、国際的（ISO）で規定された粒度で、**表2.5**は、日本が独自（JIS R 6001）に規定した粒度です。ISOとJISが共通する「粒度」は「一般研磨用」と呼ばれ、JISのみの「粒度」は「精密研磨用」と呼ばれます。また、国際的な粒度の呼び方（ISO）は、図に示すとおり、「エフ○○」と言い、日本で決められた粒度の呼び方（JIS）は、「○○番」と言います。

一般的な研削盤作業では、F46、F54、F60、F80がよく使用されます。

小さな粒度のことを「微粒（びりゅう）」という場合がありますが、正式には、「微粉（びふん）」といいます。

区分	粒度の種類								
粗粒	F4	F5	F6	F7	F8	F10	F12	F14	F16
	F20	F22	F24	F30	F36	F40	F46	F54	F60
	F70	F80	F90	F100	F120	F150	F180	F220	

備考　粒度の呼び方は、エフ○○と呼ぶ　※26段階に区分

表2.3　粗粒の種類（ISO、JIS共通）

区分	一般研磨用微粉						
微粉	F230	F240	F280	F320	F360	F400	F500
	F600	F800	F1000	F1200	F1500	F2000	

備考　粒度の呼び方は、エフ○○と呼ぶ　※13段階に区分

表2.4　一般研磨用微粉の種類（ISO、JIS共通）

区分	精密研磨用微粉						
微粉	#240	#280	#320	#360	#400	#500	#600
	#700	#800	#1000	#1200	#1500	#2000	#2500
	#3000	#4000	#6000	#8000			

備考　粒度の呼び方は、数値の後に「番」を付けて呼ぶ　※18段階に区分

表2.5　精密研磨用微粉の種類（JIS規格のみ）

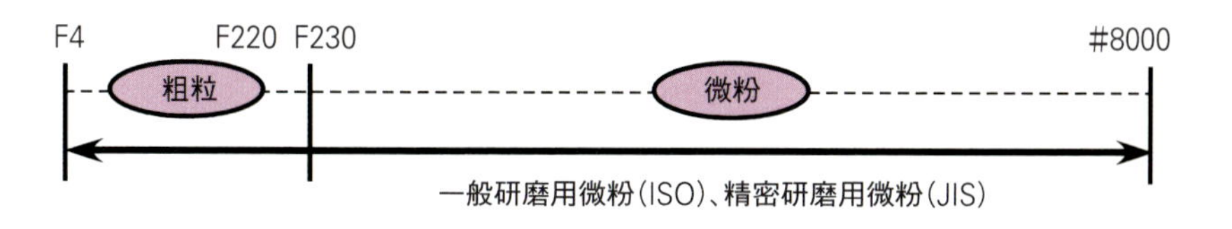

図2.15　粗粒と微粉の分類

粒度の考え方は「紙やすり」も同じです。ガリガリ削りたいときは、「粗いやすり」を使いますし、きれいな仕上げ面を得たいなら、「細かいやすり」を使います（参考図：粒度の違う紙やすり）。
「研削といし」の粒度を選ぶ場合も同じで、ガリガリ研削したいときは、「粗粒」を選択し、ピカピカの仕上げ面にしたいときは「微粉」を選びます。

参考図　粒度の違う紙やすり

(6)結合度(「研削といし」の硬さ)

「結合度」とは、「と粒」と「と粒」の結合の度合いです。単純には、「研削といし」に含まれる結合剤の量が多ければ、結合度は高く(といしは硬く)なり、結合剤の量が少なければ、結合度は低く(といしは軟らかく)なります。なお、結合剤の種類によって結合力は異なりますが、同じ結合剤を使用した場合、結合力は結合剤の量に比例します。

表2.6に、JIS R 6242に規定されている「研削といし」の結合度の分類を示します。図に示すように、結合度はA～Zで評価されており、AからZの順に結合度が高く(「研削といし」が硬く)なっていきます。一般的な研削盤作業では、「J、K、L」を使用します。

図2.16に、研削といしの「結合度」を評価する様子を示します。図に示すように、研削といしの結合度は大越式結合度試験機を用い、ビットと呼ばれる工具を研削といしの側面に一定の荷重で押し付け、ビットをゆっくりと120度回転させます。そして、このときのビットの食い込み深さを測定し、結合度を評価します。すなわち、結合度が高い(「研削といし」が硬い)ほど、ビットの食い込み量は小さくなります。しかし、現在では「研削といし」に傷を付けずに結合度を評価できる「超音波」を使用した非破壊試験が主流となっています。

結合度評価に用いるビットは、粒度がF16～100では、直径12mm、先端0.25mmのもの、粒度がF 120～220では、直径8mm、先端0.05mmのものを使用します。ビットを押し付ける荷重は、「ビトリファイド研削といし」では490N、「レジノイド研削といし」では785Nです。

参考図　結合度試験に使用されるビット

結合度記号				備考
A	B	C	D	極端に柔らかい
E	F	G	-	大変軟らかい
H	I	J	K	軟らかい
L	M	N	O	中間
P	Q	R	S	硬い
T	U	V	W	大変硬い
X	Y	Z	-	極端に硬い

注記:"A"が最も軟らかく,"Z"が最も硬いことを意味している

表2.6　結合度の種類(JIS R 6242)

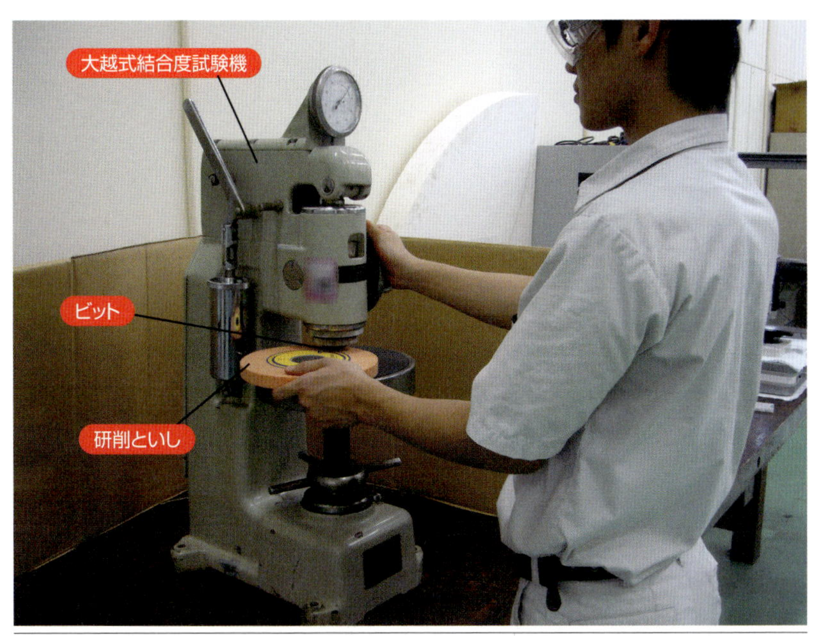

図2.16　「研削といし」の結合度評価の様子

(7)組織(と粒率)

「組織」とは、「研削といし」に占める「と粒」の体積比率を表す単位で、100分率で表します。**図2.17**に、「と粒率(体積比率)」の模式図を示します。図に示すように、「研削といし」に「と粒」が多いほど「と粒率」は高く、「と粒」が少ないほど「と粒率」は低くなります。

そして、JIS R 6242では、「と粒率」を2%ごとに12%～62%まで区分し、0から25の「組織番号」で規定しています。

表2.7に、「研削といし」のと粒率と組織番号を示します。表からわかるように、「と粒率」が50％のときに組織番号が6で、「と粒率」が2％増えるごとに組織番号が1減り、「と粒率」が2％減るごとに組織番号が1増えます。簡単に言うと、組織番号が小さくなるほど「と粒」と「と粒」の間隔が「密」になり、組織番号が大きくなるほど「と粒」と「と粒」の間隔が「粗」になるということです。

一般的な研削盤作業では、「6～8」を使用し、これ以外の組織番号（と粒率）は、一部の特殊な研削加工に使用され、一般には使用されません。「研削といし」は「と粒」が半分（50％）、結合剤と気孔が残り半分（50％）くらいがちょうど良いということです。

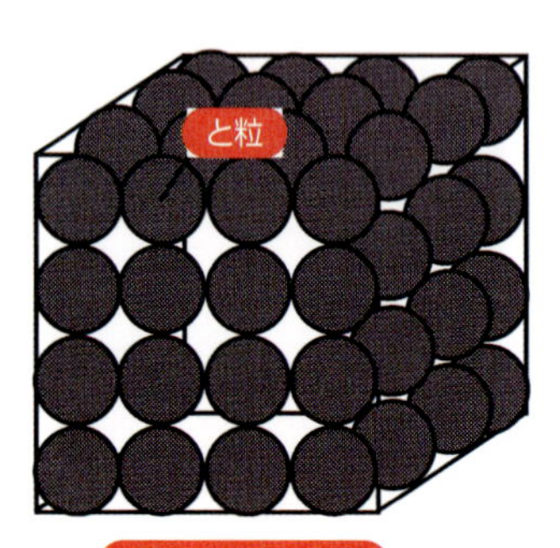

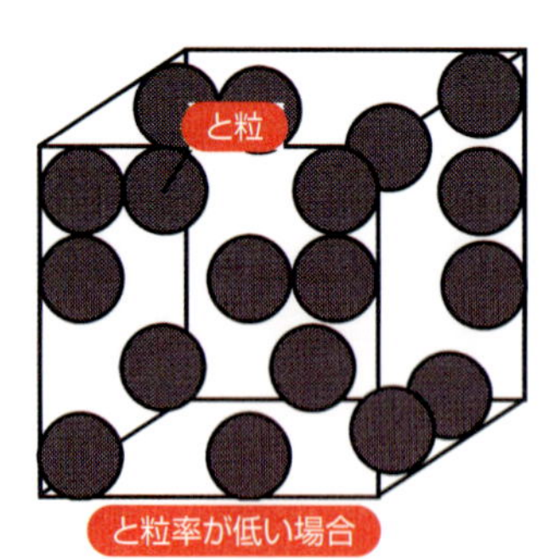

図2.17 と粒率の模式図
（と粒率が高い場合と低い場合）

組織番号	と粒率
0	62
1	60
2	58
3	56
4	54
5	52
6	50
7	48
8	46
9	44
10	42
11	40
12	38
13	36
14	34
15	32
16	30
17	28
18	26
19	24
20	22
21	20
22	18
23	16
24	14
25	12

密

一般的な研削で使用します（組織番号6～8）

粗

表2.7 組織番号と「と粒率」の関係
（JIS R 6242）

(8)結合剤の種類

「結合剤」とは、「と粒」と「と粒」を結合するための接着剤です。表2.8に、「研削といし」に使用される結合剤の種類および、その結合剤を使用した「研削といし」の焼結方法や焼結温度などを示します。表に示すように、JIS R 6242では8種類の結合剤を規定し、それぞれに結合剤記号を付けています。

この中で、V(ビトリファイド結合剤)とB(レジノイド結合剤)は、最も一般的な結合剤で、現在市販されている「研削といし」の多くは、どちらかの結合剤が使用されています。それぞれの結合剤を用いた「研削といし」は、「ビトリファイド研削といし」、「レジノイド研削といし」と呼ばれます。

一般に、「ビトリファイド研削といし」は、「レジノイド研削といし」よりも研削仕上げ面が粗くなりやすいため、仕上げ加工などの精密研削作業では、「レジノイド研削といし」が使用されます。V(ビトリファイド結合剤)とB(レジノイド結合剤)以外の結合剤については、特殊ですので本書では説明を省略したいと思います。

結合剤の種類	結合剤記号	成分	主な用途	焼成方法	焼成温度	成形方法
ビトリファイド結合剤	V	長石,フリットなど(陶磁器) 可溶性粘土	機械研削 自由研削 ホーニング	トンネル窯 倒焔窯	1200～ 1350℃	流込法 プレス法
ゴム結合剤	R	天然・合成ゴム	切断 センタレス	低温 電気炉	180℃ 程度	ロール法 プレス法
繊維補強付ゴム結合剤	RF	ゴムと石にガラス繊維など補強剤を入れたもの	切断 センタレス	低温 電気炉	180℃ 程度	ロール法 プレス法
レジノイド結合剤及び熱硬化性樹脂結合剤	B	フェノール樹脂, その他合成樹脂	機械研削 自由研削 荒研削 ラップ仕上	低温 電気炉	200℃ 程度	コールドプレス法 セミホットプレス法 ホットプレス法
繊維補強付レジノイド結合剤及び熱硬化性樹脂結合剤	BF	レジノイドと石に ガラス繊維など 補強剤を入れたもの	切断 オフセット研削 自由研削	低温 電気炉	200℃ 程度	コールドプレス法 セミホットプレス法 ホットプレス法
セラック結合剤	E	セラック(天然樹脂)	工具研削 ラップ仕上	低温 電気炉	170℃ 程度	プレス法
マグネシア	MG	マグネシア オキシクロライド (マグネシアセメント)	刃物研削 平面研削	常温にて 硬化する 不焼成	常温	流込法 プレス法
熱可塑性有機質結合剤	PL	プラスチック	−	−	−	−
シリケート(JIS規定外)	S	ケイ酸ソーダ(水ガラス)	刃物研削 平面研削	倒焔窯	600～ 1000℃	プレス法

表2.8　結合剤の種類　※シリケートはJISの規定外です。

(9) 最高使用周速度

図2.8に示すように、「研削といし」の明細には、「最高使用周速度」が記載されています。「周速度」とは、「研削といし」が工作物に接触する瞬間の速さと考えればよいでしょう。周速度の詳しい話は第4章で行っていますのでここでは省略しますが、周速度と回転数は比例し、周速度が大きいほど回転数も高くなります。すなわち、「最高使用周速度」とは、「研削といし」が安全に使用できる最高限界の周速度（回転数）です。

図2.18に、研削といしが回転する様子を示します。仮に、最高使用周速度（回転数）を超えた条件で使用すると、「研削といし」が遠心力に耐えられず、破損する恐れがあり大変危険です。研削盤作業を行う場合には、最高使用周速度を必ず守る必要があります。

安全衛生法規則第119条にも、「研削といし」は最高使用周速度を超えて使用してはならないと記載しています。

図2.18　「研削といし」が回転する様子

2-5 「研削といし」の3要素5因子とは?

前述したように、「研削といし」の基本構造は「と粒」、「結合剤」、「気孔」で構成されており、これらを「研削といし」の3要素と言います。

これに加えて、「研削といし」の明細に記載されている形状と縁形を除いた「と粒の種類」、「粒度」、「結合度」、「組織」、「結合剤の種類」は、「研削といし」の性能を表す重要な情報で、この5つを「研削といしの5因子」と言います。

このように、「研削といし」の基本構造と性能を示す情報をまとめて、「研削といしの3要素5因子」と言います(**図2.19**参照)。

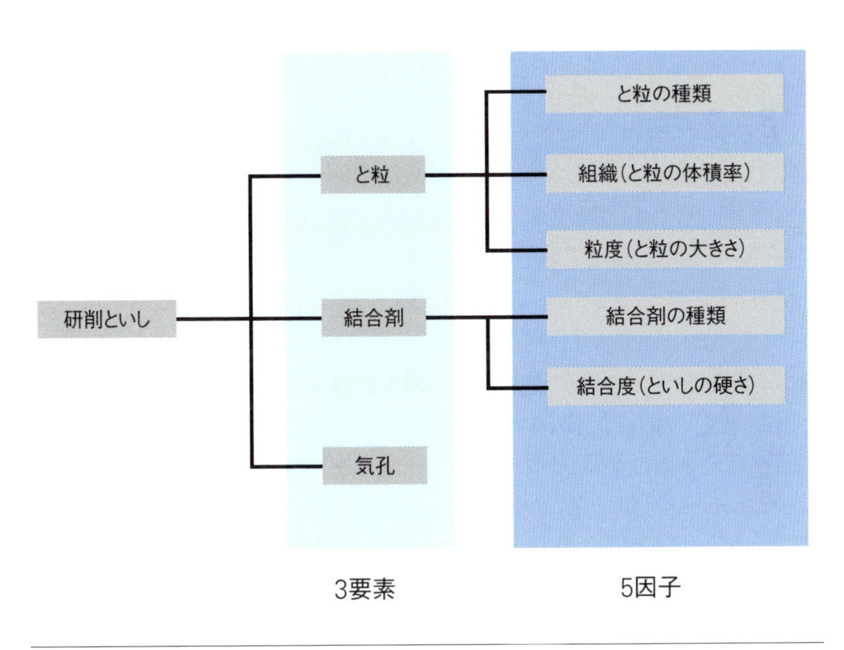

図2.19 「研削といし」の3要素5因子

2-6 「ホイール」と「超砥粒」

図2.20に、「ダイヤモンドホイール」の各部の名称を示します。図に示すように、金属製の台金の周辺に砥粒層を持つ「研削といし」を、「ホイール」と言います。「ホイール」はJIS B 4131に定義されており、これまでに示した、全体が「と粒」でできた「研削といし」と区別しています。

「ホイール」の砥粒層に使用されている「と粒」には、ダイヤモンドとCBN(立方晶窒化ほう素)の2種類があり、両者は、「アルミナ質と粒」や「炭化けい素質と粒」と比較し、極めて硬さが高いことから、「超砥粒」と定義されています。

また、ダイヤモンド砥粒を結合剤で固めたホイールを「ダイヤモンドホイール」、CBN砥粒を結合剤で固めたホイールを「CBNホイール」と言います。

図2.21に、ダイヤモンドホイールの砥粒層の拡大写真を示します。図に示すように、ダイヤモンドが結合剤で固められていることがよくわかります。なお、ダイヤモンドホイールでは、気孔が「あるもの」と「ないもの」があり、**図2.22(a)**に示すダイヤモンドホイールは気孔はありません。

「ダイヤモンドホイール」と「CBNホイール」は、外観は全く同じですので、図に示すように、台金に刻印されている表示を確認し、「ダイヤモンドホイール」か「CBNホイール」を判別します(**図2.22(b)**参照)。

用途は、おおまかに、「ダイヤモンドホイール」はC(炭化けい素と粒)、「CBNホイール」は、A(アルミナ質と粒)と同じと考えてよいでしょう。すなわち、ダイヤモンドホイールは非鉄金属に、CBNホイールは鉄系金属に使用します。ダイヤモンドは鉄と化学反応するので、ダイヤモンドホイールは鉄系金属には使用できません。

一般的な研削盤作業では、「アルミナ質と粒」や「炭化けい素質と粒」の「研削といし」を使用することが多く、「ダイヤモンドホイール」と「CBNホイール」はちょっと特殊です。したがって、本書では「ダイヤモンドホイール」と「CBNホイール」の詳しい説明は省略したいと思います。

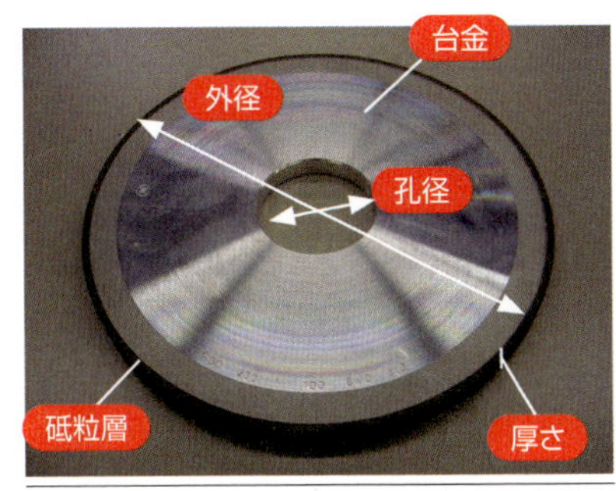

図2.20　ダイヤモンドホイールの各部の名称

図2.21　ダイヤモンドホイールの砥粒層の拡大写真

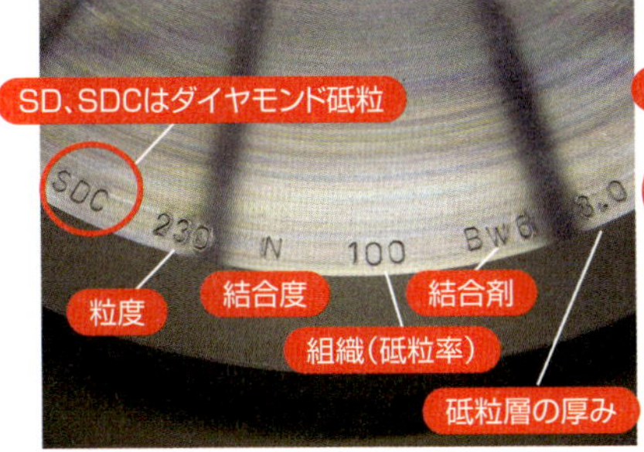

図2.22(a)　ダイヤモンドホイールの刻印

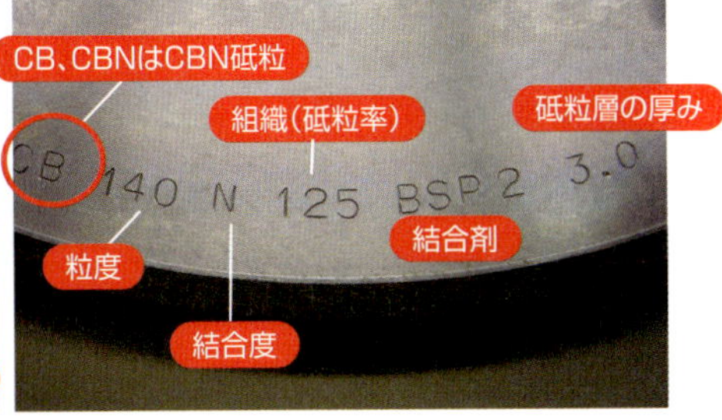

図2.22(b)　CBNホイールの刻印

「アルミナ質と粒」や「炭けい素質と粒」では、「と粒」、「研削といし」など、ひらがなを使っていましたが、ダイヤモンド砥粒やCBN砥粒の超砥粒では、漢字、ひらがな、どちらを使ってもよいことになっています。（JIS B 4131）

2-7 「研削といし」の保管と取り扱い

図2.23に、「研削といし」の保管方法を示します。図に示すように、「平形研削といし」は、必ず、立てた状態で保管します。「研削といし」は、作業面に掛かる力には非常に強いですが、作業面以外からの力には非常に弱いです。したがって、図2.24のように、平形研削といしは、平積みをしてはいけません。保管場所の都合で、やむなく一時的に平積みする場合には、「研削といし」の間に、厚いダンボールを挟むとよいでしょう（図2.25参照）。

また、「研削といし」は湿度に弱いので、できる限り風通しの良い場所で保管します。図2.26に示すような、「研削といし」用のハンガーも市販されています。

「研削といし」を取り扱う（運ぶ）場合には、「転がしたり」、「落としたり」、「ぶつけたり」してはいけません。万が一、「研削といし」を落としてしまった場合には、内部に亀裂が発生していることが考えられるので、その「研削といし」は使用してはいけません。

図2.23 「研削といし」の保管方法

図2.24 「研削といし」は平積みしてはいけません

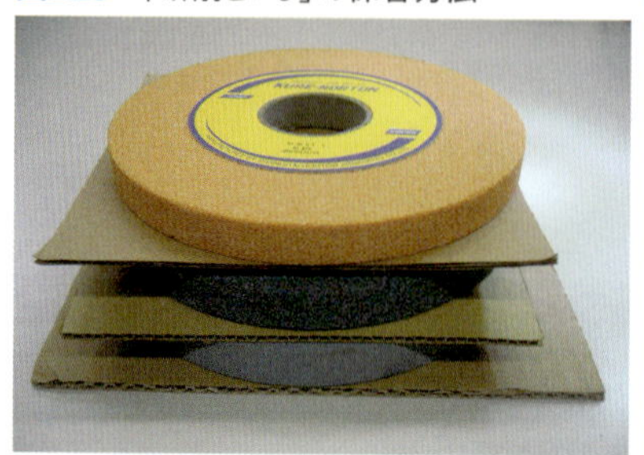

図2.25 平積みの場合には、段ボールを挟みます（長期的な保存はできません）

図2.26 研削といしハンガー

2-8 研削といしの品質検査

「研削といし」を使用する場合には、必ず品質検査を行う必要があります。検査は、「外観検査」、「打音検査」、「試運転検査」の3種類です。

図2.27に、「研削といし」の外観検査の様子を示します。図に示すように、まず目視により外観に、割れ、ひび、欠け、傷がないことを確認します。外観検査で異常がなければ、次に、打音検査をします。

図2.28に、「研削といし」の打音検査の様子を示します。図に示すように、「研削といし」の孔径に指を通して持ち、「研削といし」の外周から約20mm～50mmのところを4カ所(**図2.29**参照)、木ハンマで軽く叩きます。

図2.27　「研削といし」の外観検査の様子

図2.28　「研削といし」の打音検査の様子

ここがポイント!

※打音検査は「切断と石のような薄いといし」や「外径が100mm未満の小型のといし」には有効ではありません。また、叩く力が大きいと、「研削といし」が割れてしまうので、注意してください。

このとき、結合剤の種類により、若干音が変化しますが、「ビトリファイド研削といし」の場合には、「キンキン」と澄んだ金属音がすれば正常です。また、「レジノイド研削といし」の場合には、「ビトリファイド研削といし」よりも鈍い音がしますが、澄んだ金属音であれば正常です。

一方、「ギンギン」と濁った音がする場合や叩く場所によって音が違う場合には、「研削といし」の内部にヒビや欠けがある可能性が考えられるので使用してはいけません。「レジノイド研削といし」は、異常がなくても打撃音が鈍いので、正常かどうかの判別がなかなか難しいです。

円筒研削盤で使用するような外径が大きく重い「研削といし」の場合には、手で持つことができませんから、クレーンで吊るか、**図2.30**に示すように、作業台(地面)に厚いゴムを敷き、その上で打音検査しても構いません。

なお、試運転検査に関しては、本章②-⑭で説明しています。

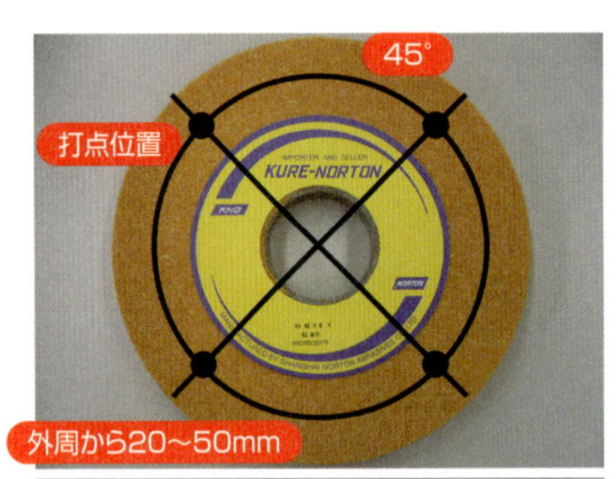

図2.29 打音検査の打点位置

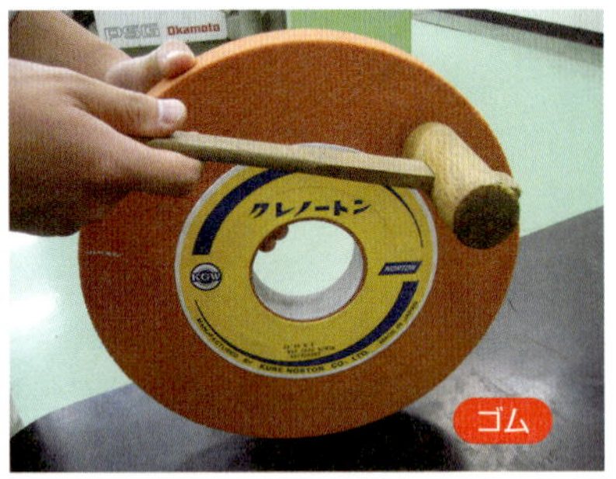

図2.30 「研削といし」の外径が大きく、重い場合の打音検査の様子

2-9 「フランジ」とは?

図2.31に、「フランジ」を取り付けた「研削といし」を示します。また、図2.32に、研削盤のといし軸に「研削といし」を取り付る様子を示します。両図からわかるように、「フランジ」とは、「研削といし」を研削盤のといし軸に取り付けるための固定具です。すなわち、「研削といし」は、「フランジ」を介して、研削盤のといし軸に取り付けます。

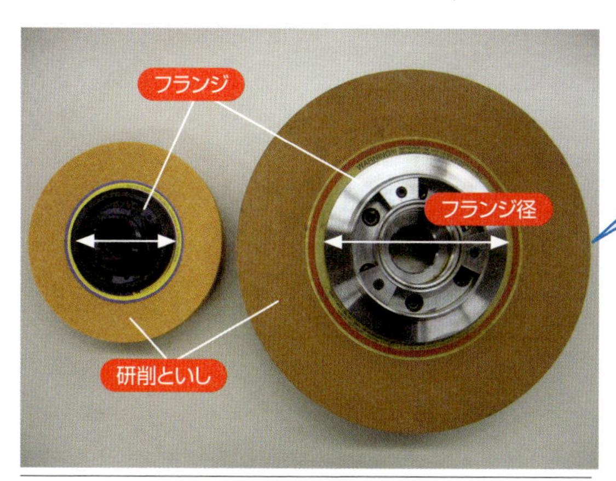

図2.31　フランジを取り付けた「研削といし」

図2.32　「研削といし」を、といし軸に取り付る様子

図2.33に、代表的なフランジを2種類示します。「フランジ」の種類はいくつかあり、基本形状は、JISやISOで標準化されています。

一般に、「フランジ」は「研削といし」メーカーが製造しているのではなく、研削盤の付属品として研削盤メーカーが製造しています。したがって、注文する場合には、使用する「研削といし」の大きさ（外径、孔径、厚さ）を研削盤メーカーに伝えれば、その「研削といし」に適合したものを用意してくれます。

フランジの外径は「フランジ径」（**図2.31**参照）と呼ばれ、フランジ径は、必ず、「研削といし」の外径の1/3以上の大きさのものを使用しなければいけません。例えば、外径200mmの1号平形の「研削といし」の場合には、フランジ径が66mm以上のものを使用します。

図2.33(a)　代表的なフランジの形状①

図2.33(b)　代表的なフランジの形状②

2-10 スペーサとは?

図2.34、図2.35に、「スペーサ」とスペーサの使用例を示します。図に示すように、「研削といし(ホイール)」をフランジに取り付けた場合、「研削といし(ホイール)」の厚さが、固定側フランジの「研削といしの取り付け幅」よりも薄く、稼動側フランジが「研削といし」に届かないことがあります(図2.36)。

このような場合には、「スペーサ」を固定側フランジへ挿入し、「研削といし(ホイール)」が稼動側フランジでしっかりと固定できるようにします。このように、「スペーサ」は「研削といし」とフランジに隙間が発生した場合に「研削といし(ホイール)」の厚さを調整し、隙間を防ぐための道具です。一般に、スペーサは固定側フランジに取り付けます。

図2.36のように、「研削といし(ホイール)」とフランジに隙間がある状態では、研削盤のといし軸に取り付けてはいけません。

図2.34　スペーサ

図2.35　スペーサの使用例

図2.36　「研削といし(ホイール)」とフランジに隙間がある場合

2-11 フランジの取り付け方と取り外し方

(1) フランジ形状①の場合

①取り付け方

図2.37～**図2.42**に、「研削といし」にフランジを取り付ける様子を示します。

図に示すように、まず、フランジを、きれいなウエスで拭き、フランジに付いている小さなゴミを除去します（**図2.37**）。そして、固定側フランジを作業台に置き、「研削といし」を固定側フランジに挿入します（**図2.38**、**図2.39**）。このとき、「研削といし」を無理に押し込んではいけません。「研削といし」の孔径と固定側フランジを正確に合わせればゆっくり挿入することができます。

次に、稼動側フランジをはめ合わせて、締め付けねじで固定します（**図2.40**、**図2.41**）。最後に、「固定側フランジ」、「研削といし」、「スパナ」を片手でしっかりと持ち、もう一方の手を使って、スパナを片手ハンマで叩きます（**図2.42**）。

フランジの締め付けねじは、一般に、「左ねじ」（研削盤といし軸の回転方向と逆方向）ですので注意してください。

フランジの締め付け力は、弱すぎても、強すぎても駄目ですが、弱いよりは幾分強い方が安全です。

図2.37　フランジをきれいに拭きます

図2.38　「研削といし」を固定側フランジの軸に取り付けます

図2.39 「研削といし」を固定側フランジに取り付けた様子

図2.40 稼動側フランジを取り付けます

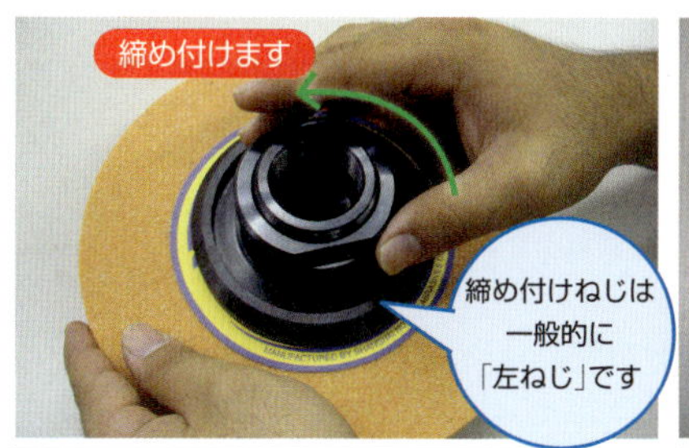

図2.41 締め付けねじで稼動側フランジを固定します

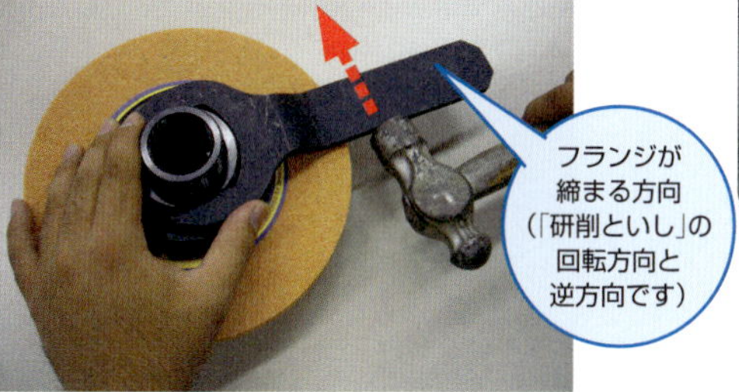

図2.42 「フランジ専用スパナ」と「片手ハンマ」を使用して強く締め付けます

②取り外し方

図2.43に、フランジを取り外す様子を示します。図に示すように、「研削といし」を作業台に置き、取り付けた順序と逆の手順でフランジを取り外します。

このとき、フランジの締め付けねじが緩む方向に注意してください。一般に、フランジの締め付けねじは、「左ねじ」ですので、図のように、右に回せば緩みます。

一方、左に回せば、締め付けねじが一層締まりますので、「研削といし」が割れる可能性があります。くれぐれも注意してください。

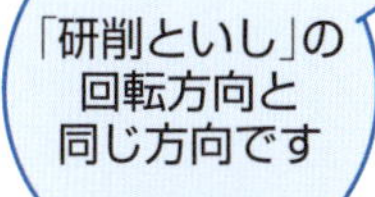

図2.43 フランジを取り外す様子

一般に、フランジの締め付けねじは「左ねじ」（研削盤といし軸の回転方向と逆方向）になっています。図2.44に示すように、研削盤のといし軸の回転を停止した場合、といし軸の回転方向と逆方向に停止しようとする力（慣性力）が働きます。このとき、「左ねじ」の場合には、ねじが締まる方向に力が働くので安全ですが、「右ねじ」の場合には、ねじが緩む方向に力が働くので、フランジが緩み大変危険です。このため、フランジの締め付けねじは「左ねじ」（研削盤といし軸の回転方向と逆方向）になっています。

図2.44　フランジの締め付けねじが「左ねじ」の理由

(2) フランジ形状②の場合

①取り付け方

図2.45(a)に、「研削といし」にフランジを取り付ける様子を示します。基本的な手順は、先に示したフランジ形状Aの取り付け方と同じですが、今回は、6本のボルトで稼動側フランジを固定します。この場合、ボルトの「締め付け順序」と「締め付け力」に注意が必要です。

図2.45(b)に、ボルトの「締め付け順序」を示します。図に示すように、ボルトは必ず対角線上に締め付けます。一気に締め付けるのではなく、はじめに仮締めを行い、その後、本締めを行います。最終的な締め付け力は、「ボルトの径と本数、研削といしとフランジの接触面積」を考慮して計算し、トルクレンチで調整する必要がありますが、説明が複雑になりますので、ここでは省略します。基本的には、男性の力で強く締めていればほぼOKです。なお、ボルトを締め付けるときは、手で締めます。ハンマなど工具を使用する必要はありません。

②取り外し方

取り付け方と逆の手順を行うと、取り外すことができます。

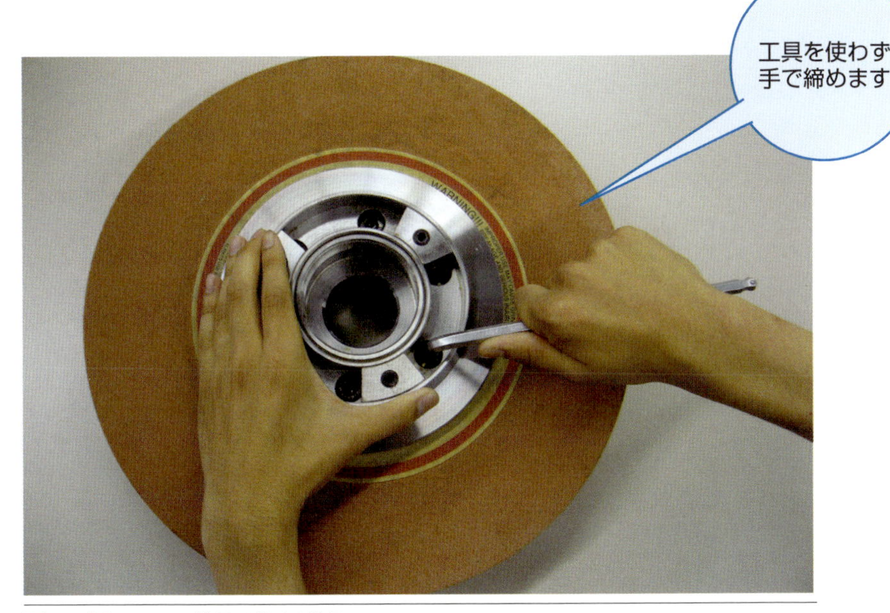

図2.45(a)　フランジを取り付ける様子

図2.45（b） ボルトの締め付け順序。最後はトルクレンチで締め付けるのが理想です

気をつけよう

フランジを取り付ける場合には、「研削といし」のラベルを剥がしてはいけません。「研削といし」のラベルは、作業者に「研削といし」の性能情報を提示するだけでなく、フランジを取り付けるときのパッキン（クッション）の役割を兼ねています。ラベルを剥がしてフランジを取り付けると、無理な締め付け力が掛かり、「研削といし」が割れる危険性があります。

※フランジの接触面圧力や六角ボルトの締め付けトルクは、「目で見てわかる機械現場のべからず集 研削盤作業編」に記載していますので、参照してください。

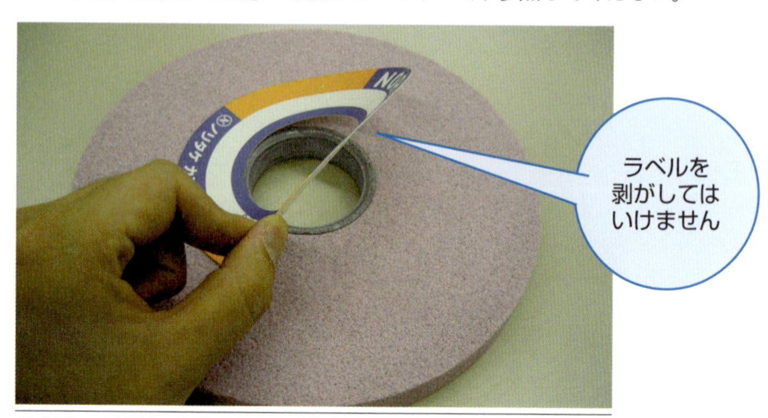

参考図 「研削といし」のラベルは剥がしてはいけません

2-12 「研削といし」のバランスとは？

図2.46に、「バランス駒」を示します。「研削といし」にフランジを取り付けた後、図に示すバランス駒を使って、「研削といし」のバランスを調整します。

「研削といし」は、お茶碗と同じ焼き物（焼結体）です。つまり、「研削といし」は、「と粒」と「結合剤」を混合し、型（かた）に入れ、炉で焼いてつくられます。このため、「研削といし」の全体を均一な組織（と粒率）にすることは難しく、必ず微小なムラが発生します。このため、「研削といし」の重心は、「研削といし」の中心からずれていることが多いのです。

さらに、「研削といし」の孔径は固定側フランジの軸よりも若干大きいので（すきまばめ）、フランジの取り付け精度により、「研削といし」の中心とフランジの中心にも微小なずれが発生します。

このように、フランジを取り付けた「研削といし」の重心は「研削といし」の組織のムラと取り付け誤差により、フランジの中心と一致するとは限りません。

ここで、重心がフランジの中心からずれた「研削といし」を、研削盤のといし軸に取り付け回転させると、「研削といしの重心」と「といし軸（フランジ）の中心」とがずれているため、「研削といし」が大きく振動（偏心）し、大変危険です。といし軸の破損の原因にもなります。

したがって、フランジを取り付けた「研削といし」を研削盤のといし軸に取り付ける前には、必ず「研削といし」のバランスを駒で調整します。そして「研削といし」の重心をフランジの中心に合わせる必要があります。

図2.46　バランス駒

2-13 「研削といし」のバランスの調整方法

「研削といし」のバランスの調整方法は「静的な方法」と「動的な方法」の2種類に分けることができます。静的な方法では、「天秤式バランス台(図2.47)」、「平行棒式バランス台(図2.49)」、「ローラ式バランス台(図2.50)」の3つの方法があります。

一方、動的な方法では、研削盤のといし軸の振動を検出し、バランスを調整する方法(図2.51)があります。

以下に、それぞれの調整方法とその特徴を示します。

①天秤(てんびん)式バランス台

図2.47に、天秤式バランス台を示します。また、図2.48に、バランス調整用の高精度軸を示します。図に示すバランス用の軸をフランジに取り付け、天秤式バランス台に載せて、バランスを調整します。

天秤式バランス台は静的なバランス調整方法の中で最も感度がよく、精密なバランス調整ができるので、一番使用されているバランスの調整器です。平面研削盤で使用する外径200mm程度の「研削といし」のバランス調整の場合には、天秤式バランス台を使用します。

図2.47　天秤式バランス台

図2.48　バランス調整用の高精度軸

②平行棒式バランス台

図2.49に、平行棒式バランス台を示します。図に示すように、バランス用の軸をフランジに取り付け、平行棒バランス台に載せて、バランスを調整します。平行棒式バランス台は天秤式バランス台よりも幾分感度は劣りますが、剛性が高いので、円筒研削盤で使用される外径が大きな「研削といし」のバランス調整によく使用されます。

据え付けの際には、バランス台の水準器を確認して、水平精度を調整する必要があります。

③ローラ式バランス台

図2.50に、ローラ式バランス台を示します。図に示すように、バランス用の軸をフランジに取り付け、ローラ式バランス台に載せて、バランスを調整します。

ローラ式バランス台は静的なバランス調整方法の中で最も感度が劣るので、あまり使用されませんが、据え付けの際に、バランス台の水平精度をそれほど気にしなくてもよいという利点を持っています。

図2.49 平行棒式バランス台

図2.50 ローラ式バランス台

④「といし軸」の振動を検出するバランス調整法

図2.51に、「といし軸」の振動を検出するバランス調整方法を示します。図に示すように、加速度ピックアップを、「といし軸頭」など、「といし軸」の振動が拾えるような場所に取り付けます。一般的に、加速度ピックアップは磁石式になっていますので、磁性のある場所ならどこでも取り付けることができます。また、磁石式でない場合には、両面テープなどを使用するとよいでしょう。

次に、バランス解析装置のマニュアルに従って操作を行えば、バランス解析装置がバランス駒を取り付ける位置を教えてくれるので、その位置にバランス駒を取り付けます(**図2.52**参照)。この方法は、実際に研削加工する場合の回転数で「研削といし」の振動を検出することができ、作業手順も簡単ですので、現在よく使用されている方法です。

なお、このバランス調整方法の場合には、「研削といし」を回転させてバランスを調整しますので、あらかじめ②-⑮に示す「試運転検査」を行っておく必要があります。

図2.51　といし軸の振動を検出するバランス調整法

図2.52　バランス解析装置が示すバランス駒の取り付け位置

※図2.51では、バランス解析装置を研削盤(テーブル)の上に置いていますが、実際には作業台の上など研削盤本体の振動が影響しない所に置いて使用します。

2-14 研削盤といし軸への「研削といし」の取り付け方

図2.53に、「研削といし」を研削盤の「といし軸」へ取り付ける様子を示します。研削盤の種類により、取り付け方法が若干異なりますが、図に示すように、固定側フランジ側を「といし軸」へしっかりと挿入し、その後、「研削といし」用の締め付けねじを用いて、「研削といし」をといし軸へ固定します。図からわかるように、「研削といし」用の締め付けレンチは特殊なものですから、失くさないようにしましょう。

一般に、「研削といし」を「といし軸」へ締め付けるねじは、「左ねじ（研削といしの回転方向と逆方向）」になっています（図2.54参照）。この理由は本章図2.44と同じですので、参照してください。

図2.53　といし軸へ「研削といし」を取り付ける様子

図2.54　「研削といし」の締め付けねじを締める様子

2-15 試運転検査

図2.55に、「研削といし」の試運転検査の様子を示します。「研削といし」を研削盤の「といし軸」へ取り付けた後は、必ず試運転検査を行います。

試運転検査は、「研削といし」の最終検査で、実際に研削加工を行う回転数で「研削といし」を3分間以上回転させ、異常がないことを確認します。試運転検査中は、「研削といし」が割れることも考えられるので、回転方向には立たず、十分に注意し、といし覆いは必ず閉めておきます。

試運転検査は、労働安全衛生法規則に記載されており、「研削といしは、その日の作業を開始する前には1分間以上、研削といしを取り替えたときには3分間以上試運転をしなければならない」と定めています。

一度、試運転検査をして安全性が確認された「研削といし」の場合でも、使用前には必ず1分間の試運転検査を行います。

図2.55　試運転検査の様子

2-16 ツルーイング(形直し)

バランス調整が終了した「研削といし」を研削盤の「といし軸」に取り付けた後、すぐに研削加工ができるわけではありません。研削加工を行う前には、必ず「ツルーイング」を行う必要があります。

図2.56、図2.57に、ツルーイング作業の様子とイメージ図を示します。図に示すように、「ツルーイング」とは、回転させた「研削といし」の外周面をダイヤモンド(ドレッサ)で削り、研削といしを真円に形成し、「研削といしの重心」と「研削盤のといし軸(フランジ)の中心」を正確に一致させる作業です。

②-⑫、②-⑬で、「研削といし」のバランスについて説明しましたが、バランス駒を使ったバランス調整だけでは「研削といし」の重心をフランジ(研削盤のといし軸)の中心に合わせることが不十分です。精密な研削作業を行うためには、「ツルーイング」を行い、「研削といし」を振動なく回転させることが大切です。ツルーイングは「研削といし」の外周面を削る作業ですので、「形直し」とも言われます。

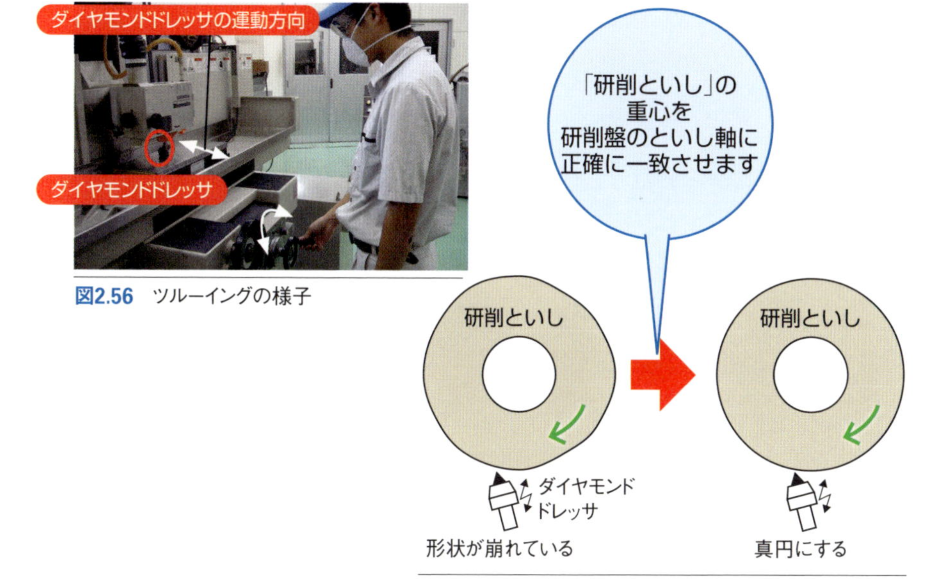

図2.56 ツルーイングの様子

図2.57 ツルーイングのイメージ図

2-17 ドレッシング（目直し）

図2.58、**図2.59**に、ドレッシング作業の様子とドレッシングのイメージ図を示します。図に示すように、「ツルーイング作業」と「ドレッシング作業」は、全く同じ作業ですが、ツルーイングとドレッシングは目的が違います。

「ドレッシング」とは、「と粒」をダイヤモンド（ドレッサ）で微小に削り、「と粒」に鋭利な凸凹を付ける作業を言います。ドレッシングを行うことにより、「研削といし（と粒）」の切れ味がよくなり、精密な研削加工が可能になります。したがって、ツルーイングが終了したらドレッシングを行います。ツルーイング・ドレッシング作業は、必ず「保護めがね」を着用して行います。ダイヤモンドにより削られた「と粒」が目に入ると「失明」する危険性があります。

一般に、ツルーイングとドレッシングは乾式（研削油剤をかけない）で行われますが、本当は、湿式（研削油剤をかける）で行う方がよいです。ツルーイング、ドレッシングは条件にもよりますが、ダイヤモンドと接触する点は非常に高温になっています。ダイヤモンドは温度に弱い（600° 以上で軟化する）ため、乾式の場合には、ドレッサの寿命が短くなります。

図2.58 ドレッシング作業の様子

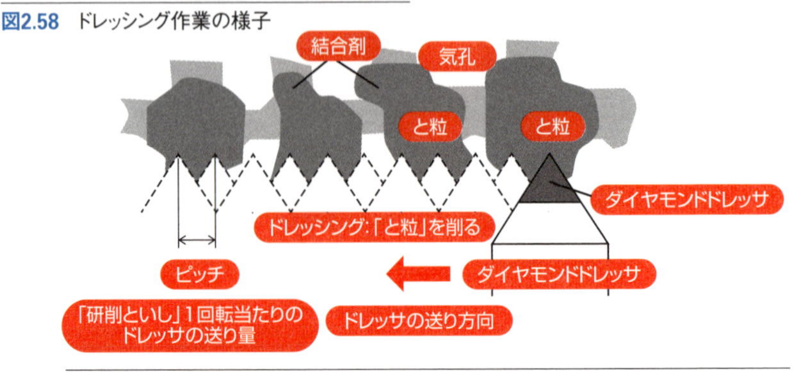

図2.59 ドレッシングのイメージ図

2-18 ツルーイング・ドレッシングのやり方

図2.60、図2.61に、ツルーイング作業とドレッシング作業における「研削といし」と「ダイヤモンドドレッサ」の接触点の様子を示します。

図に示したように、「研削といし」のツルーイングとドレッシングは、作業内容は全く同じですが、「ツルーイング」は、「研削といし」の形状を成形する(真円にする)ことが目的で、「ドレッシング」は「と粒」を鋭利にすることが目的です。

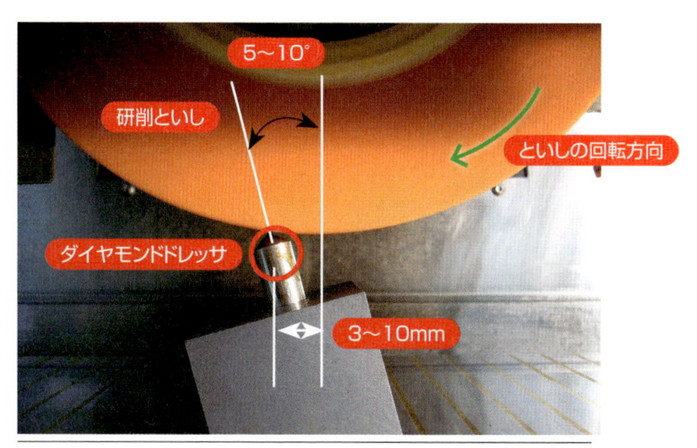

図2.60　ツルーイング・ドレッシング作業の様子(正面から見た場合)

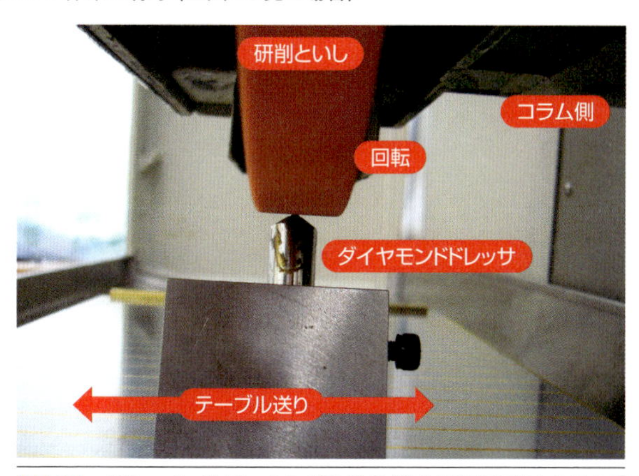

図2.61　ツルーイング・ドレッシング作業の様子(回転方向から見た場合)

作業者は、目的意識を明確にし、それぞれの作業を行うことが大切です。具体的には、「研削といし」の回転数、ダイヤモンド（ドレッサ）の切込み量、送り速度をそれぞれ調整し、「ツルーイング」と「ドレッシング」を区別します。

表2.9、表2.10に、ツルーイングとドレッシングの条件をそれぞれ示します。ドレッシングの場合には、ダイヤモンドドレッサの送り速度を変えることにより、「と粒」の凹凸を調整することができます（図2.62参照）。

一般的に、荒研削を行う場合には、「と粒」の凹凸が大きい方がよいので、ダイヤモンドドレッサの送り速度を大きくします。一方、精密研削を行う場合には「と粒」の凹凸が小さい方がよいので、ダイヤモンドドレッサの送り速度を小さくします。

ダイヤモンドドレッサは必ず逃げ勝手に置きます。ダイヤモンドドレッサを食込み勝手にすると、ダイヤモンドが研削といしに「食込み」、良好なツルーイング・ドレッシングができません。

「研削といし」の回転数	遅くする	15m/s～20m/s
ダイヤモンドドレッサの送り速度	遅くする	3mm/s～4mm/s
切込み深さ	大きくする	0.01mm～0.02mm
終了の目安	「研削といし」の作業面全面で軽い連続音がするまで	

表2.9　ツルーイング条件の目安

「研削といし」の回転数	遅くする	15m/s～20m/s
ダイヤモンドドレッサの送り速度	遅くする	1mm/s（精密研削）～4mm/s（6mm/s）
切込み深さ	小さくする	0.005mm～0.02mm

表2.10　ドレッシング条件の目安

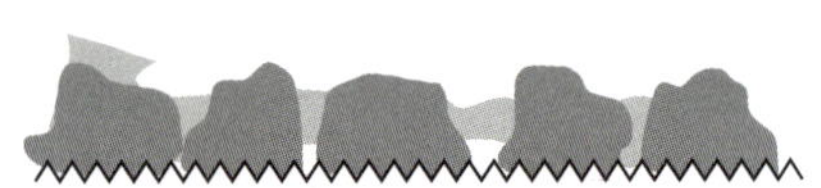

図2.62　ダイヤモンドドレッサの送り量と「と粒」の形状関係

ダイヤモンドドレッサの設置場所には、注意が必要です。図2.60に示すように、ダイヤモンドドレッサは、「研削といし」の回転方向と反対方向に3mm～10mm程度ずらした場所に置き、「研削といし」に対して垂直方向より、5°～10°傾けて設置します。
一方、これとは逆にダイヤモンドドレッサを設置する（図2.63、図2.64参照）と、ダイヤモンドドレッサが、高速に回転する「研削といし」に食い込むことになり、大変危険です。
ダイヤモンドドレッサは、「研削といし」に対して、必ず逃げ勝手に設置します。 また、切込み深さはダイヤモンドドレッサと「研削といし」が干渉しない場所で与えます。

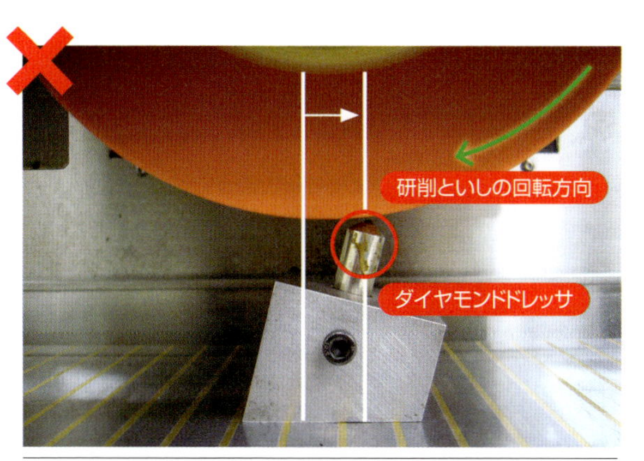

図2.63　ダイヤモンドドレッサを「研削といし」の回転方向に置いてはいけません

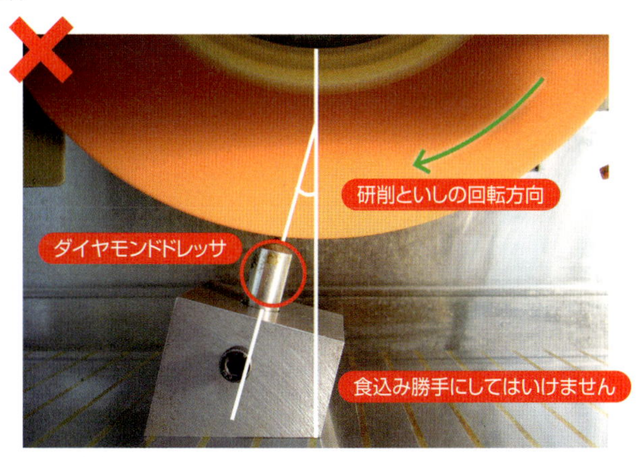

図2.64　ダイヤモンドドレッサを「食込み勝手」にしてはいけません

2-19 両頭グラインダのツルーイングとドレッシング

図2.65、図2.66に、両頭グラインダにおける「研削といし」のツルーイング作業とドレッシング作業の様子を示します。図に示すように、両頭グラインダのツルーイング・ドレッシング作業に使用される一般的な工具は「ブリックストーン」、または、「ハンチントンドレッサ」です。

図2.67に、「ブリックストーン」と「ハンチントンドレッサ」を示します。

「ブリックストーン」は炭化けい素質と粒（ダイヤモンド砥粒が入っている場合もあります）のスティックといしで、結合度が非常に高いものです。

使い方は図2.65に示すように、「ブリックストーン」を両手で持ち、受け台（ワークレスト）を支持しながら、回転させた「研削といし」に押し当てます。「ブリックストーン」は、「アルミナ質研削といし」、「炭化けい素質研削といし」の両方に使用できます。

また、「ブリックストーン」がない場合には、「割れたGC研削といしの破片（図2.67参照）」を使用することもできます。このとき、「GC研削といし」は粗粒で、結合度が高いことが条件です。結合度の低いものは、GC研削といしの方が摩耗してしまいます。すなわち、ツルーイング工具はツルーイングされる「研削といし（と粒）」よりも「硬い」ことが重要で、ツルーイング工具が、ツルーイングされる「研削といし（と粒）」よりも軟らかければ、ツルーイング工具が削られてしまいます。

「ハンチントンドレッサ」は星形の鋼片を10枚程度集めて、1つの軸に通したものです。使い方は、図2.66のように、「ハンチントンドレッサ」を両手で持ち、受け台で支持しながら、回転させた「研削といし」に押し当てます。使用していると鋼片が丸くなってきますので、新しいものと交換します。なお、「ハンチントンドレッサ」も「アルミナ質研削といし」、「炭化けい素質研削といし」の両方に使用できます。

両頭グラインダのツルーイングとドレッシングは両者を分けて考えるのではなく、「ブリックストーン」または「ハンチントンドレッサ」を使用することにより、ツルーイングとドレッシングを同時に行うことができます。

図2.65　両頭グラインダ作業におけるツルーイング・ドレッシング作業の様子

図2.66　両頭グラインダ作業におけるツルーイング・ドレッシング作業の様子

図2.67　ブリックストーンとGC研削といしの破片

図2.68　ハンチントンドレッサ

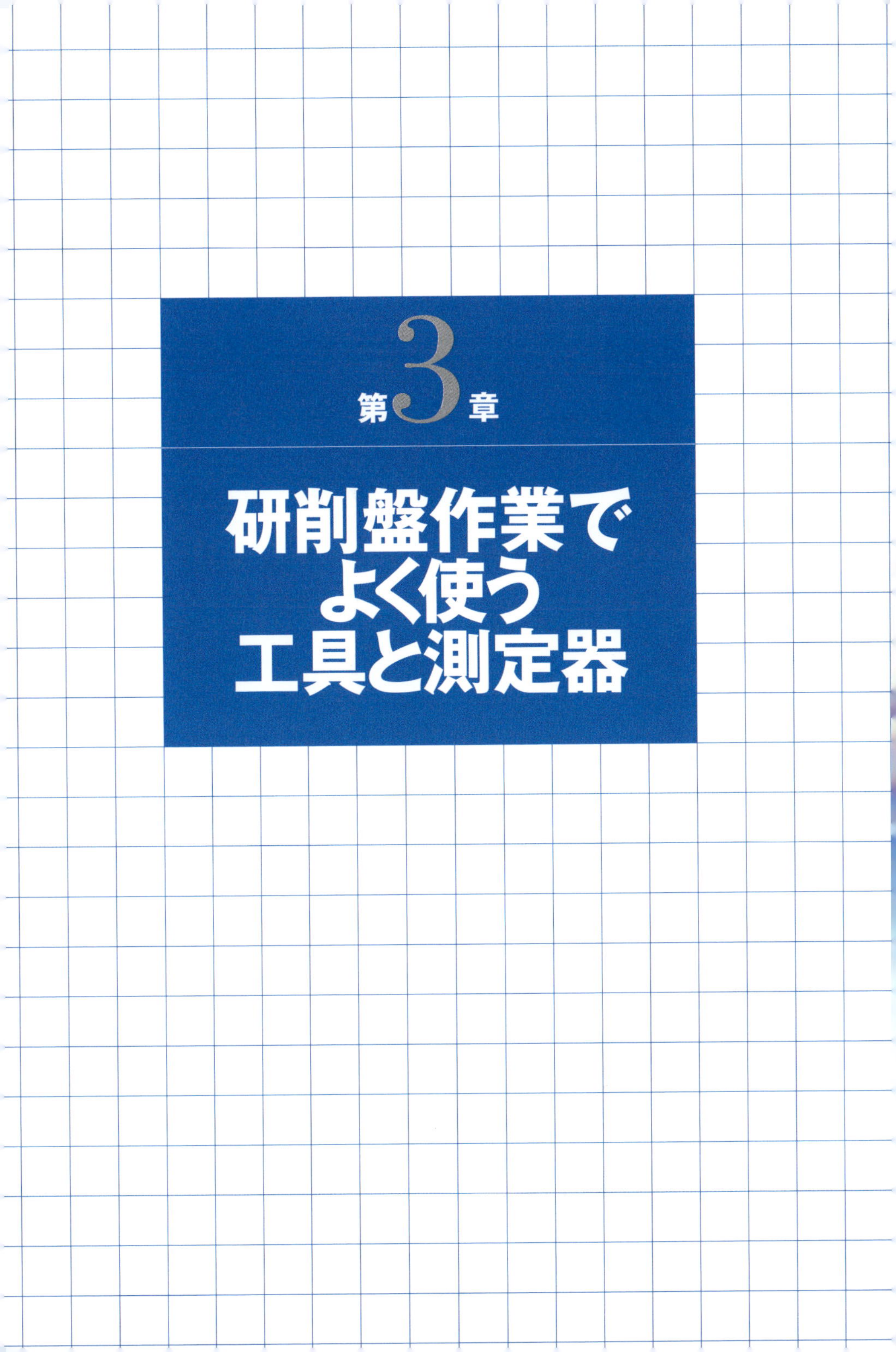

第3章

研削盤作業でよく使う工具と測定器

3-1「研削といし」のための工具

本章では、研削盤作業でよく使用する工具や備品、測定器について紹介したいと思います。

①フランジ

図3.1に「フランジ」を示します。「フランジ」は「研削といし」を研削盤のといし軸に取り付けるための固定具です。フランジの形状は、研削盤メーカーによって多少異なりますが基本的には同じです。

フランジの詳しい取り扱い方法は、第2章②-⑨で説明していますので参照してください。

なお、JISでは、電気ディスクグラインダ※で使用するフランジのみ規定し、図1.1および、図1.4～1.6に示す各種研削盤で使用するフランジに関しては規定していません。

※電気ディスクグラインダ…第1章図1.4(e)参照

②スペーサ

図3.2に「スペーサ」を示します。「スペーサ」は「研削といし」をフランジに取り付けた際に、「研削といし」とフランジに隙間がある場合に使用します。固定側フランジに「スペーサ」を挿入し、「研削といし」とフランジの隙間を埋めます。

「スペーサ」の詳しい取り扱い方法は、第2章②-⑩で説明していますので参照してください。

図3.1　フランジ

図3.2　スペーサ

③フランジ用レンチ

図3.3に、「フランジ用レンチ」を示します。「フランジ用レンチ」は「研削といし」にフランジを取り付けるとき、取り外すときに使用します。「研削といし」にフランジを取り付ける詳しい手順は、第2章②-⑪で説明していますので参照してください。

一般に、フランジの締め付けねじは「左ねじ（研削といしの回転方向と逆方向）」ですから、左回転で締まり、右回転で緩みます。

④カニメレンチ

図3.4に、「カニメレンチ」を示します。「カニメレンチ」はフランジ（研削といし）を研削盤のといし軸に取り付けるとき、取り外すときに使用する工具です。見た目がカニの目のように見えるので、一般に「カニメレンチ」と呼ばれます。

⑤ダイヤモンドドレッサ

図3.5に、「ダイヤモンドドレッサ」を示します。「ダイヤモンドドレッサ」は「研削といし」のツルーイング・ドレッシングに使用するもので、ダイヤモンドの形状やシャンクの形状により多くの種類があります。

「普通形」は天然のダイヤモンドを原石のままシャンクに「ろう付け※」したもので、ダイヤモンドのエッジ部を利用して使用します。

一方、「円錐形」はダイヤモンドの原石を四角錐に成形したもので、主として精密研削を行う場合のドレッシングに使用されます。

※ろう付け…溶接技術の一つで、「ろう」を使用して接合します。

図3.3 フランジ用レンチ

図3.4 カニメレンチ

「ダイヤモンドドレッサ」はJISに規定されておらず、工業用ダイヤモンドの複数のメーカーが設立した「ダイヤモンド工業協会」が独自に規格(IDAS)をつくって、ダイヤモンドドレッサを規定しています。

ツルーイングとドレッシングの方法と手順は、第2章②-⑯、⑰、⑱で説明していますので参照してください。

⑥ダイヤモンドドレッサの保持具とドレスユニット

図3.6に、「ダイヤモンドドレッサ」の保持具を示します。図に示すように、ダイヤモンドドレッサは保持具に取り付けて使用します。市販されているものもありますが、自作することもできます。

図3.7にドレスユニットを示します。図に示すように、ドレスユニットを持った研削盤の場合には、このユニットにダイヤモンドドレッサを取り付けます。

図3.5　ダイヤモンドドレッサ

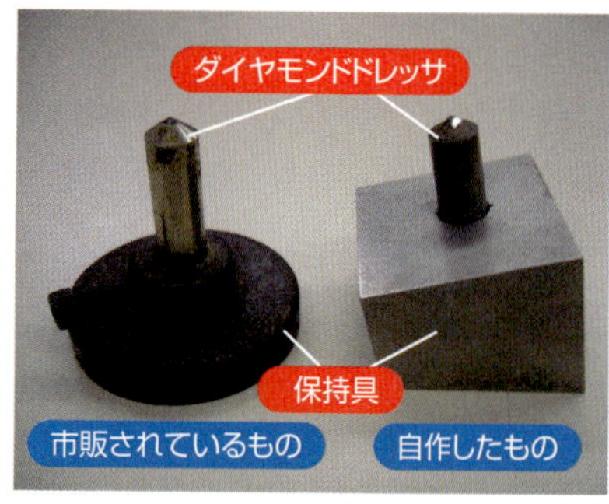

図3.6　ダイヤモンドドレッサ保持具

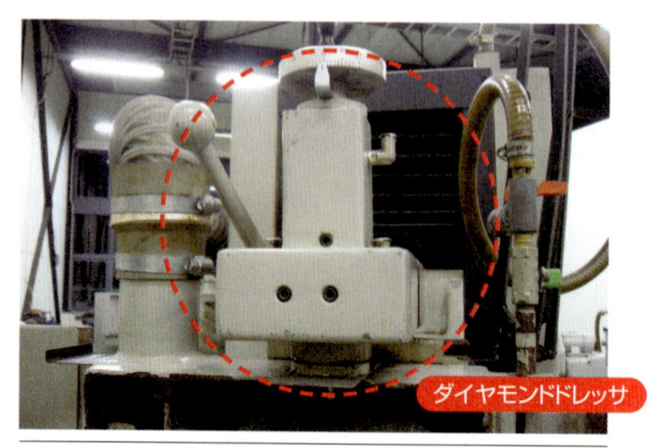

図3.7　ドレスユニット(点線内)

3-2 代表的な工作物の固定具とジグ

①磁気チャック

図3.8に、磁気チャックを示します。磁気チャックは平面研削盤で使用される最も一般的な工作物の固定具で、磁力で工作物を固定します。言うまでもありませんが、磁性のない工作物は固定できません。

磁気チャックには、「電磁石式」と「永久磁石式」の2種類があります。「電磁石式」は、チャック内部にコイルが入っており、このコイルに電流を流すことにより磁力を発生させるものです。つまり、電流の入切で磁力のONとOFFを切り替えます。また、印加電圧によって磁力を調整できるのが特徴です。

一方、「永久磁石式」はチャック内部に永久磁石が入っており、永久磁石の磁力の経路を操作して、磁力のONとOFFを切り替えます。

電磁石式、永久磁石式ともにそれぞれ利点、欠点を持っていますが、一般的には、残留磁気※の制御がしやすいことから、電磁石式が使用される場合が多いです。図に示す「磁気チャック」も電磁石式です。

図3.8 磁気チャック

ここがポイント!

※残留磁気…一度磁気を帯びた磁性体は、少しの間だけそれ自身が磁気を帯びますが、時間が経つと磁気は消えます。これを「残留磁気」といいます。磁気チャックの場合、工作物に残留磁気が残ると取り外しが困難になります。電磁石式では、プラスとマイナスを反転した電流を数回流し、残留磁気を打ち消すことができます(脱磁します)。

②アングルプレート(イケール)

図3.9に、「アングルプレート」を示します。「アングルプレート」は、正確な直角(90°)を持つ台で、主に、フライス盤のテーブルに取り付け、工作物を固定するための補助工具、または直角加工に使用する基準工具として使用します。基本的には図に示す向きで使用しますが、横向きにしても直角基準として使用できます。

図3.10に、研削盤で使用する小型の「アングルプレート」を示します。また、**図3.11**にアングルプレートを使用した工作物の固定例を示します。研削加工では、図に示すように、工作物をシャコ万力で「アングルプレート」に固定し、「アングルプレートの接触面」と「研削面」の直角を加工する場合に使用します。

図からわかるように、アングルプレートを使用した研削加工の直角精度はアングルプレートの精度に依存しますので、アングルプレートの取り扱いは丁寧に行う必要があります。また、定期的な精度検査も重要です。なお、アングルプレートは、「イケール」とも言われます。

図3.9 アングルプレート

図3.10 研削盤で使用するアングルプレート

図3.11 アングルプレートを使用した工作物の固定例

③シャコ万力（C形クランプ）

図3.12に、「シャコ万力」を示します。**図3.11**に示したように、「シャコ万力」は工作物をアングルプレートなどの基準工具へ固定するために使用します。シャコ万力はC形クランプとも言われます。

④補助ブロック（止め金）

図3.13、**図3.14**に、「補助ブロック」と補助ブロックを使用した工作物の取り付け例を示します。図に示すように、補助ブロックは、小さな工作物（磁気チャックとの接触面積が小さい工作物）や磁性のない工作物を磁気チャックに固定するための補助具です。

一般的な平面研削盤では、工作物の固定方法に磁気チャックを使用しますが、小さな工作物の場合には、研削加工に耐え得る十分な固定力が得られません。このようなとき、補助ブロックを使用し、工作物の固定力をサポートします。補助ブロックは工作物の固定力をサポートするためのもので、アングルプレートのような直角出しをするためのものではありません。なお、補助ブロックは「止め金」とも言われます。

図3.12　シャコ万力（C形クランプ）

図3.13　補助ブロック（止め金）

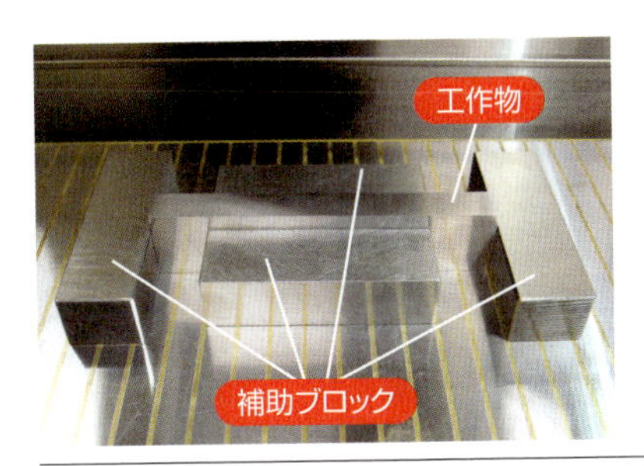

図3.14　補助ブロック（止め金）を使用した工作物の固定例

⑤精密バイス

図3.15、**図3.16**に、「精密バイス」と精密バイスを使用した工作物の取り付け例を示します。精密バイスは、フライス盤作業で使用するマシンバイスの一種で、マシンバイス本体の平行精度と直角精度が極めて高くつくられたバイスです（平行精度と直角精度の参考値：±0.002～0.005mm／100mm以内）。このため、精密バイスは縦にしても横にしても使用でき、工作物をバイスから取り外すことなく複数の面を研削加工できるので大変便利です。

図3.15　精密バイス

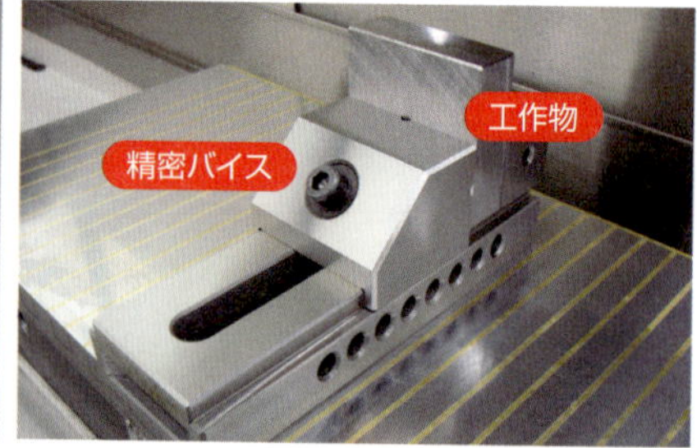

図3.16　精密バイスを使用した工作物の固定例

⑥止め板

図3.17、**図3.18**に、「止め板」と止め金を使用した工作物の取り付け例を示します。磁気チャックの左側（研削といしの回転方向）とコラム側には、図に示すような「止め板」が付いています。止め板は磁性のない工作物などを支える（固定する）ためのもので、図のように補助ブロックなどと併用して使用します。

使用しない場合は、チャック上面より下げておき、使用する場合に上げます。

図3.17　止め板

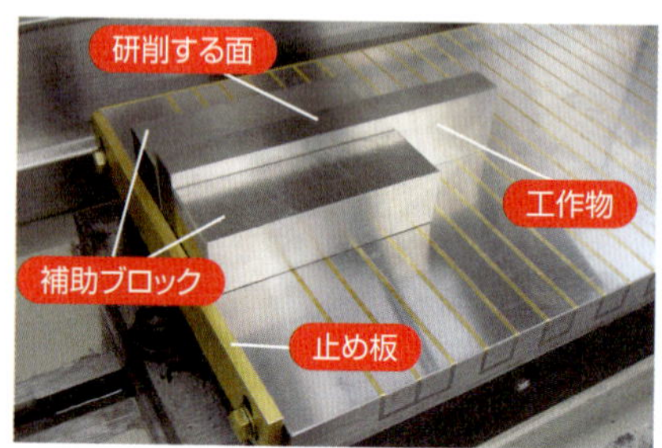

図3.18　止め板を使用した工作物の固定例

⑦回し金（ケレ）

図3.19、**図3.20**に、「回し金」と回し金を使用した工作物の取り付け例を示します。「回し金」は円筒研削盤の代表的な工作物の固定具です。

図3.21に、「研削盤用の回し金」と「旋盤用の回し金」を示します。図に示すように、「回し金」には、研削盤用と旋盤用がありますので、それぞれ使い分けます。すなわち、円筒研削加工で、旋盤用の回し金を使用してはいけません。また、回し金には適用できる工作物の外径が刻印されていますので、適用外の工作物を取り付けてはいけません。必ず、工作物の外径に合った回し金を使用します。

回し金は「ケレ」とも言われます。

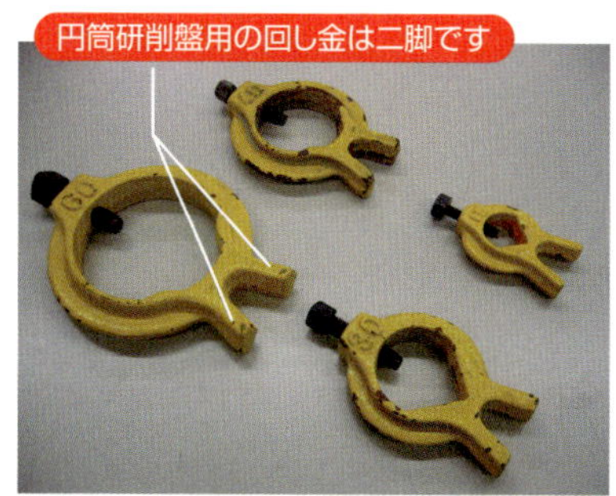

図3.19　回し金（ケレ）

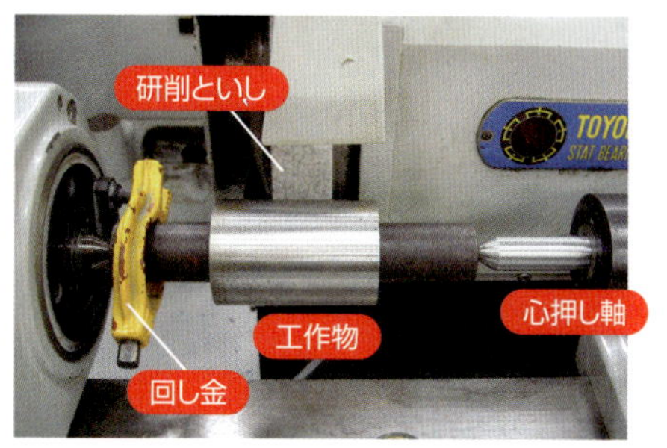

図3.20　回し金を使用した工作物の固定例

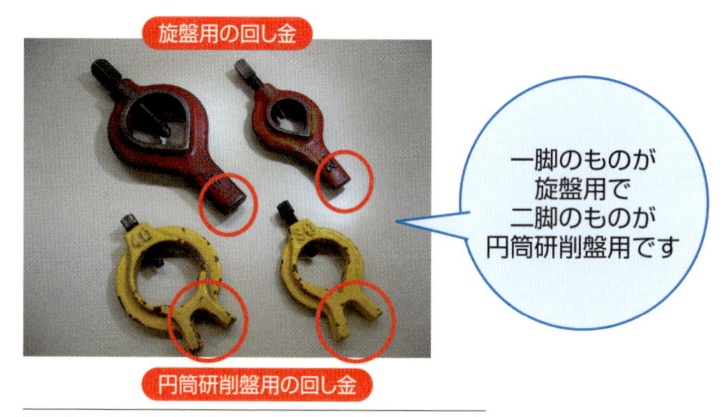

図3.21　円筒研削盤用の回し金と旋盤用の回し金

3-3 研削盤作業で使用する備品と消耗品

①油砥石(オイルストーン)

図3.22、図3.23に、「油砥石」と油砥石の使用例を示します。図に示すように、油砥石は「工作物のバリ」や「磁気チャックの傷、凹凸」などを取り除くために使用します。

油砥石は、A と粒(アルミナ質)を主原料としています。その種類(色)にはいくつかありますが、研削盤作業では一般に、白色の油砥石を使います。白色は仕上げ用(細目)です。

A と粒(アルミナ質)は、硬さはあまり高くないですが、粘り強さが高いので、鉄や鋼などの研削・研磨によく使われます。

油砥石はオイルストーンとも言われます。

図3.22　油砥石(オイルストーン)

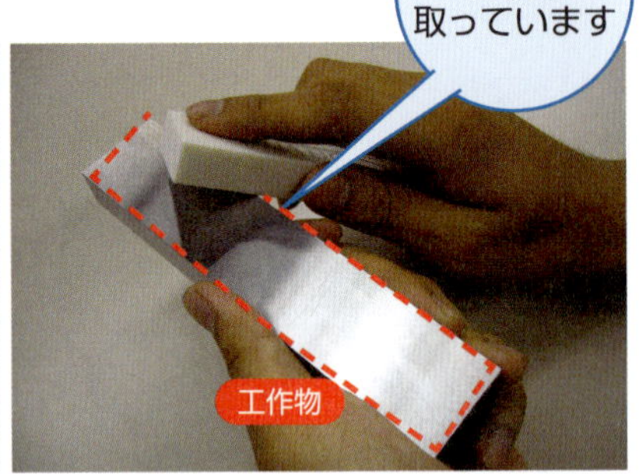

図3.23　油砥石を使用したバリ取りの様子

②フィラーゲージ(シムテープ)

図3.24、図3.25に、「フィラーゲージ」とフィラーゲージの使用例を示します。フィラーゲージは、図に示すように長い板状の鋼片です。板の厚さは0.01mm～1.0mm程度のものがあり、用途に合わせて好きな長さに切って使用できます。

フィラーゲージは一般に、製品のすきまを測定するときや、製品のすきまを埋めるときに使用します。研削盤作業では図のように、工作物を固定する際の微小なすきまの調整に使用することが多いです。

なお、フィラーゲージはJISに規定されていません。また、フィラーゲージはシムテープとも言われます。

図3.24　フィラーゲージ（シムテープ）

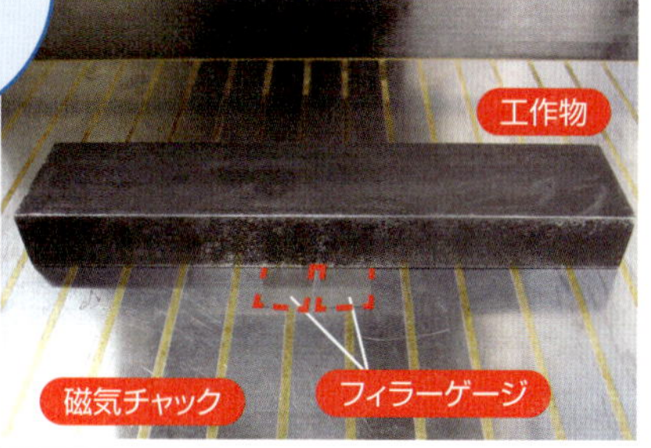

図3.25　フィラーゲージの使用例

③光明丹

図3.26に、「光明丹」を示します。光明丹は、鮮やかな赤色をした顔料の一種で、本来は、「鉛丹（えんたん）」と言います。主成分は四酸化三鉛で、明るいオレンジ色をしています。光明丹は、古代から日本画の絵の具や陶磁器の釉として使用されていました。研削盤作業における光明丹の使用例は、**図3.56**、**3.58**を参照してください。このほかにも、光明丹は製品のすり合わせ作業など、いろいろなところで使用します。光明丹の粘度の調整は、鉱物油（スピンドル油、マシン油）を使用するとよいでしょう。

光明丹の主成分である四酸化三鉛は比較的毒性が低いですが、最近では、人体に無害のものが「新明丹」という商品名で発売されています。

④ゴムヘラ（ワイパー）

図3.27に、「ゴムヘラ」を使用した磁気チャックの清掃の様子を示します。ゴムヘラは図に示すように、磁気チャック上面の切りくずや研削油剤などを掃除するために使用します。ゴムですから、磁気チャックを傷つけることはありません。ゴムヘラはワイパーとも呼ばれます。

図3.26　光明丹

図3.27　ゴムヘラ（ワイパー）を使用した磁気チャックの清掃の様子

⑤磁気分離器(マグネットセパレータ)

図3.28、図3.29に、磁気分離器(マグネットセパレータ)と磁気分離器の内部構造の模式図を示します。研削油剤を使用した湿式研削※では、研削油剤、脱落した「と粒」、研削加工で発生した切りくず、空気中の不純物などが混合して、研削油タンクに回収されます。

研削油剤は循環式ですので、回収された研削油剤は、研削加工に繰り返し使用することになります。このとき、研削油剤に脱落した「と粒」や研削加工で発生した切りくずが混合していると、研削仕上げ面に傷が付くなどの問題が発生します。このため、研削盤には磁気分離器(マグネットセパレータ)が備わっており、研削油剤に混合する不純物を取り除くようになっています。さらに細かい不純物を取り除くためには、紙フィルタを併用することも大切です(図3.30参照)。

また、研削油剤は使用するほど性能が劣化しますので、使用期間の管理と交換を怠ってはいけません。

※研削加工では、研削油剤を供給する「湿式研削」と、供給しない「乾式研削」があります。「湿式研削」の方が、能率よく、よい研削仕上げ面が得られるので、両頭グラインダなど自由研削以外では、一般的に湿式研削が行われます。

図3.28　磁気分離器(マグネットセパレータ)

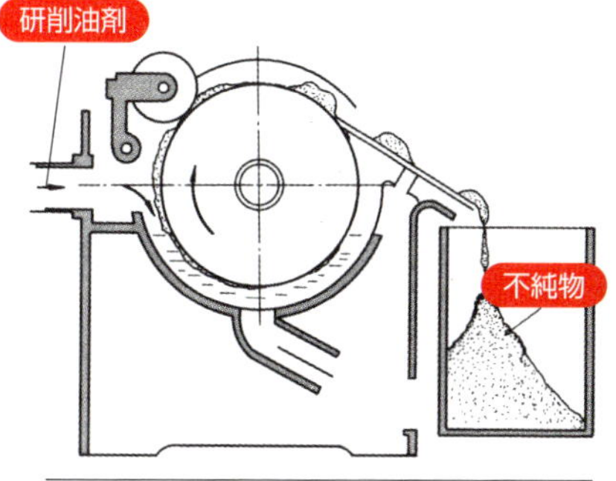

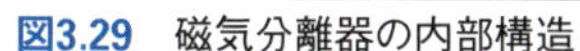

図3.29　磁気分離器の内部構造

図3.30　紙フィルタ

⑥吸じん装置

図3.31に、「吸じん装置」を示します。湿式研削加工を行う場合には、高速に回転する「研削といし」に研削油剤を掛けるので、研削油剤のしぶき（粒子）が研削盤本体周辺に充満します。研削油剤は身体に対する毒性は低いと言えますが、できる限り吸引しない方がよいです。

このため、研削盤には一般的に、図に示すような吸じん装置が取り付けられており、作業環境と作業者の健康を守るようになっています。

研削盤作業を行う場合には、健康管理のため、可能な限り防じんマスクを着用することを勧めます。

⑦脱磁装置

図3.32、図3.33に、「脱磁装置」と脱磁装置を使用した脱磁の様子を示します。脱磁装置は名前の通り、工作物の残留磁気を取り除く装置です。磁気チャックで固定した工作物（磁気を帯びた工作物）は、少しの間だけ工作物自身が磁気を帯びますが、時間が経つと磁気は消えます。これを「残留磁気」といいます。工作物に残留磁気が残っていると、切りくずが付着するなど、その後の作業に支障がでます。このため、脱磁器を使用して工作物の残留磁気を取り除きます。

図に示すように、研削仕上げ面を脱磁する場合には、仕上げ面を傷付けないように、ウエスなど薄い布を介して作業を行います。なお、脱磁器の電源は、工作物を取り外してからOFFにします。

図3.31　吸じん装置

図3.32　脱磁器

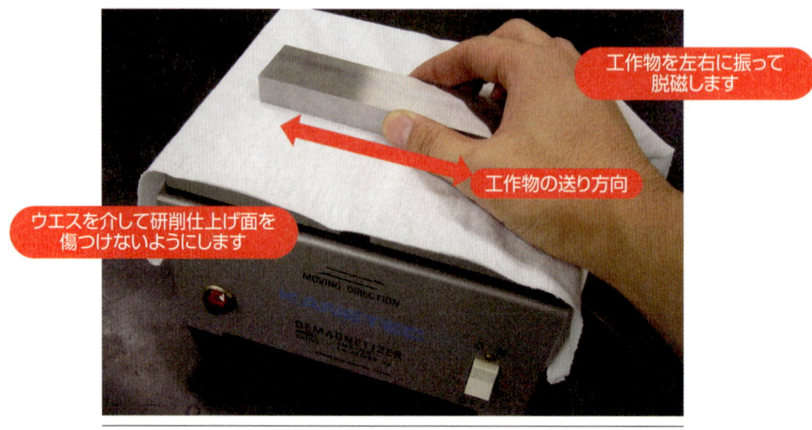

図3.33　脱磁の様子

⑧研削油剤

図3.34に、「研削油剤」を示します。図に示すように、研削油剤は「不水溶性（原液のまま使う）」と「水溶性（水で薄めて使う）」の2種類があります。図に示す水溶性研削油剤は、水道水で希釈した後のものです。JISでは、不水溶性研削油剤、水溶性研削油剤ともに、油の成分や粘度によって細かく分類されています。

研削加工では、「研削といし」と工作物の接触点（研削点）の温度が1000℃程度まで上昇しますので、研削油剤には冷却効果が求められ、一般的に、「水溶性（水で薄めて使う）」の研削油剤を使用します。

この一方で、フライス加工や旋盤加工の切削点（切れ刃と工作物の接触点）温度は約600℃で、冷却効果よりも切れ味を高くする「潤滑効果」が重要とされるため、一般的には、「不水溶性（原液のまま使う）」が使用されます。

なお、研削油剤の役割として、冷却、潤滑作用に加えて、切りくずの除去・運搬があります。

図の中央に示すボトルは、不水溶性研削油剤を水で希釈したものです。図からわかるように、不水溶性研削油剤を水で希釈しても分離するため、使用できません。水溶性研削油剤には、油と水が混合できるように界面活性剤（油と結びつく物質）が入っていますので、水で希釈できます。
一般に、「水垢（みずあか）」を嫌う超精密研削加工では、不水溶性の研削油剤が使用されます。

図3.34　研削油剤

3-4 研削盤作業で使用する測定器

①「長さ」を測定するための測定器

①-1　ノギス

図3.35に、「ノギス」を使用した工作物の測定例を示します。図に示すように、ノギスは、本尺と副尺(バーニヤ目盛り)を合わせることにより、工作物の外径、内径、段差、深さを測定することのできる測定器です。一般的なノギスの最小読取値は、0.02mmまたは、0.05mmです。

①-2　外側マイクロメータ、内側マイクロメータ

図3.36、**図3.37**に、「外側マイクロメータ」および「内側マイクロメータ」を使用した工作物の測定例をそれぞれ示します。図に示すように、外側マイクロメータは、工作物の外径を、内側マイクロメータは工作物の内径を測定することのできる測定器です。マイクロメータの最小読取値は、0.01mmまたは、0.001mmです。

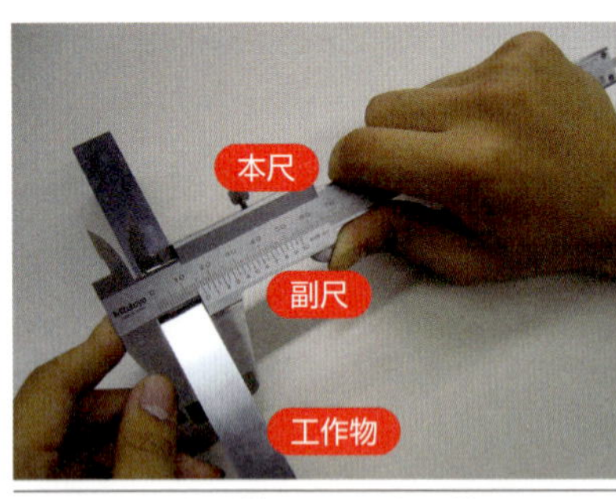

図3.35　ノギスを使用した測定の様子

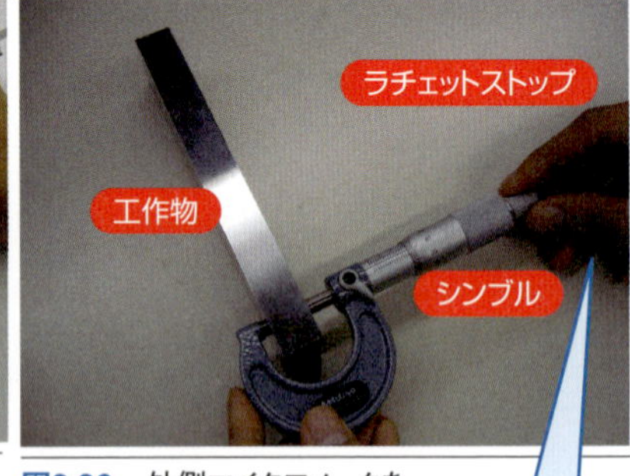

図3.36　外側マイクロメータを使用した測定の様子

測定圧力の調整はラチェットストップで行います

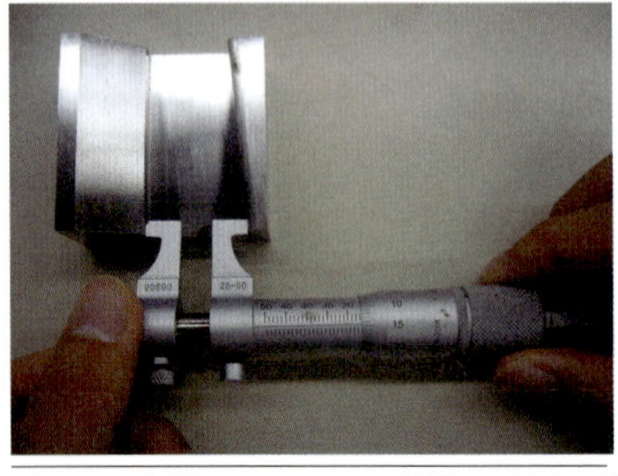
図3.37　内側マイクロメータを使用した測定の様子

①-3　ダイヤルゲージ

図3.38に、「ダイヤルゲージ」を使用した工作物の測定例を示します。「ダイヤルゲージ」は、測定子(スピンドル)の直線運動をダイヤルゲージ内部の歯車で回転運動に変換し、測定子(スピンドル)の変位量を目盛板の長針で計測できる測定器です。図に示すように、研削盤作業では、工作物の厚さや磁気チャック上面の平行度の測定に使用します。

①-4　てこ式ダイヤルゲージ

図3.39に、「てこ式ダイヤルゲージ」を使用した工作物の測定例を示します。「てこ式ダイヤルゲージ」はてこの原理を利用した測定子の動きをダイヤルゲージ内部の歯車で回転運動に変換し、測定子の変位量を目盛板の長針で計測できる測定器です。

図に示すように、研削盤作業では、工作物の平行度の測定や工作物の取り付け精度を調整する場合に使用します。

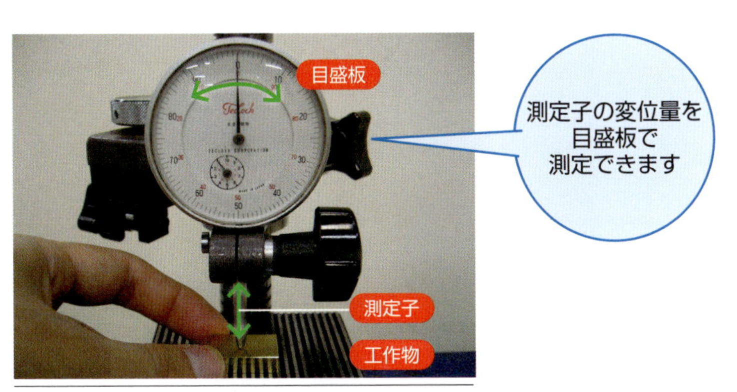

図3.38　ダイヤルゲージを使用した様子

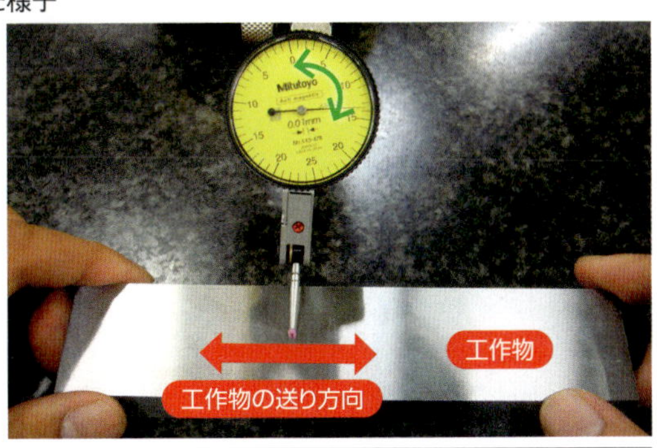

図3.39　てこ式ダイヤルゲージを使用した様子

①-5　ブロックゲージ

図3.40に、「ブロックゲージ」を示します。ブロックゲージは、図に示すように、長方形のブロックで、平面精度、平行精度、寸法精度が極めて高く、「長さ」の基準となる測定器です。ブロックゲージは各種測定器の校正にも使用します（図3.41参照）。

JISでは、ブロックゲージの精度を、4等級に分けており、K級、0級、1級、2級の順で、精度が幾分悪くなります。

図3.47のように、ブロックゲージは、サインバーの高さ調整にも使用します。

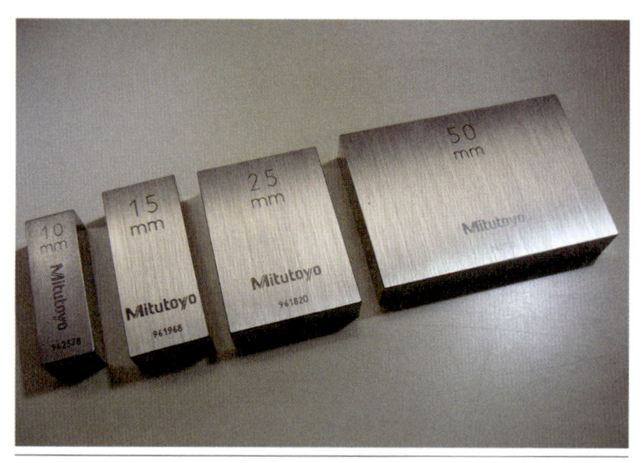

図3.40　ブロックゲージ

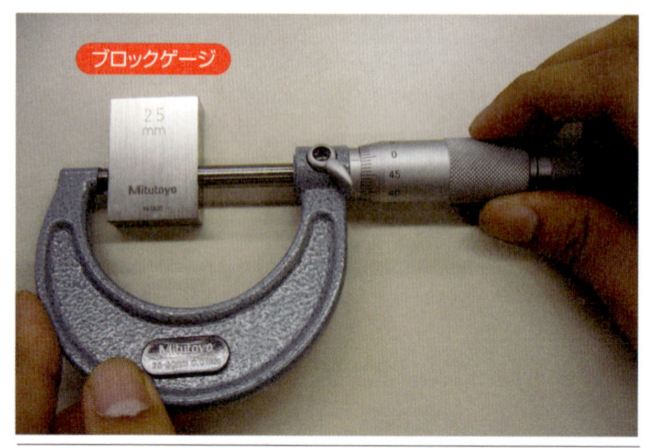

図3.41　ブロックゲージを使用したマイクロメータの校正の様子

②「角度」を測定するための測定器

②-1　精密水準器

図3.42に、「精密水準器」を示します。「精密水準器」は、気泡管を用いて気泡の変位を気泡管上の目盛りで読むことにより、水平または、傾斜を測定する測定器です(**図3.43**参照)。

水準器の感度(測定単位)は、1mに対する傾き(傾斜)の度合いを長さ、または角度(秒)で表します。すなわち、図に示す水準器では気泡が1目盛り移動すれば、1mあたり0.02mm傾いていることになります。また、角度で表す場合には、「1秒は1mあたり約0.005mm」ですので、0.02mmを角度で表すと「4秒」となります。

研削盤作業では、**図3.44**に示すように、磁気チャックの真直度(傾き)を測定する場合や研削盤の据え付け設置を行う場合などに使用します。研削盤の磁気チャックの真直度が悪い(傾きが大きい)場合には、磁気チャックを研削加工する必要があります。磁気チャックの研削加工は、非常に高度な技能が必要ですので、熟練した方に相談してください。

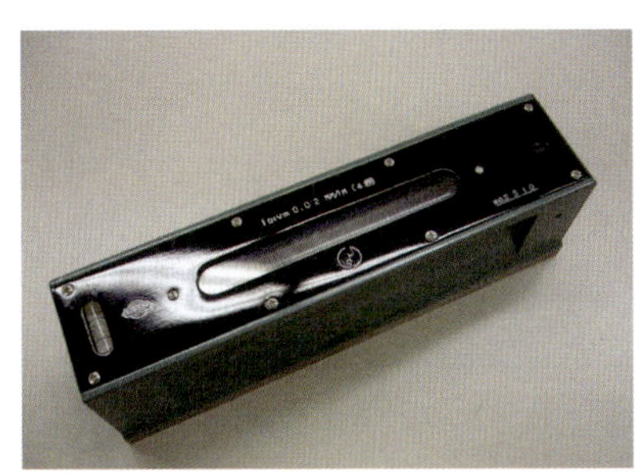

図3.42　精密水準器

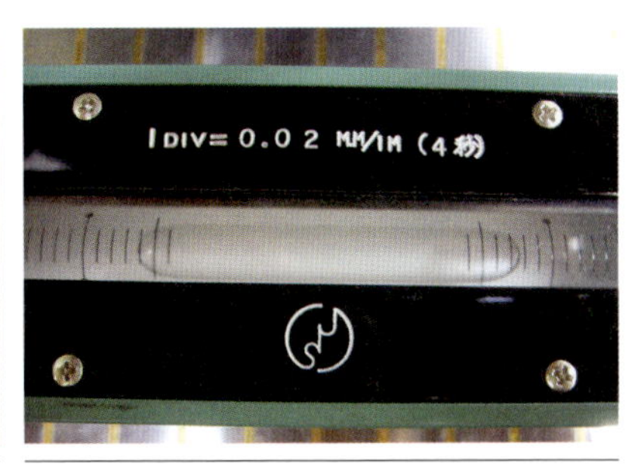

図3.43　気泡の変位を見て、傾きを測定します

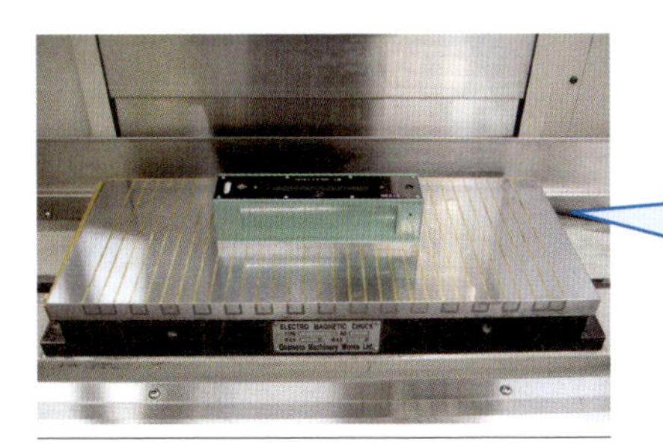

図3.44　精密水準器を使用した磁気チャックの傾き測定の様子

②-2 サインバー

図3.45に、「サインバー」を示します。「サインバー」は、角度を測定するための測定器で、ローラの中心距離で大きさ(呼び寸法)を表します。JISでは、ローラの中心距離が100mmと150mmの2種類を規定し、本体の幅は、呼び寸法100mmのもので20mm、200mmのもので30mmと定めています。

図3.46に、「サインバー」を使用した角度測定の模式図を示します。サインバーの使い方は、図に示すように、工作物をサインバーの上に載せ、サインバーの片側にブロックゲージを挿入していき、製品(工作物)が平行になったときの、ブロックゲージの高さにより角度を求めます。この原理は、図に示す三角関数で計算できます。

研削盤作業では、**図3.47**に示すように、一定の角度を研削加工したい場合にもサインバーを使用します。ただし、最近では回転式(角度設定のできる)磁気チャックを使用する場合が多いです。

図3.45 サインバー

図3.47 サインバーを使用した角度研削

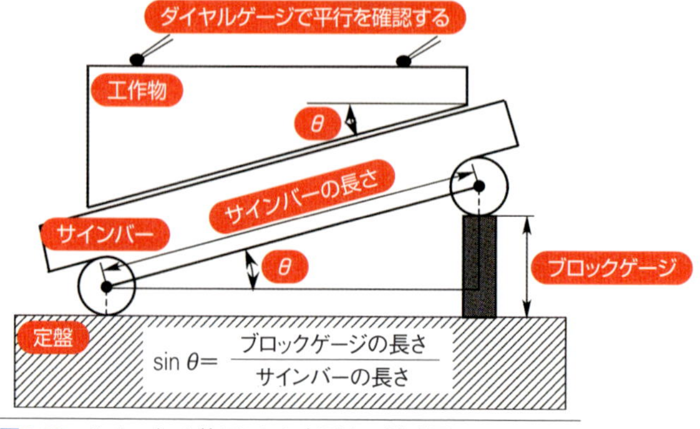

図3.46 サインバーを使用した角度測定の模式図

②-3　Vブロック

図3.48に、「Vブロック」を示します。Vブロックは、V面の角度が90°のもので、Vブロック本体の精度により、1級と2級があり、1級が高精度品となります。

Vブロックは測定の補助具として使用される場合が多いですが、研削盤作業では、**図3.49**のように、丸棒の固定補助具として使用する場合もあります。丸棒が回転する場合には、Vブロックと丸棒の間に薄いゴムを挟むと丸棒が回転せずしっかりと固定されます。ただし、この方法の場合、研削面が傾く可能性があるため、直角精度を出すことは幾分困難です。

図3.48　Vブロック

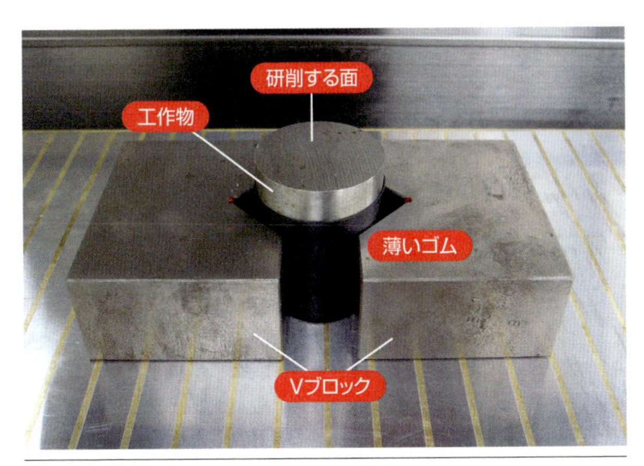

図3.49　Vブロックを使用した丸棒の固定例

③「平面、直角」を測定するための測定器

③-1　精密定盤

図3.50に、「精密定盤」を示します。精密定盤には、鋳鉄(ちゅうてつ)製と石製の2種類があり、使用する面の平面度の精度によって、0級、1級および2級があります。0級が最も精度が高く、高価です。

「精密定盤」は工作物の測定を行う基準面として使用し、測定以外の目的で使用してはいけません。

③-2　直定規(三角形)

図3.51、**図3.52**に、「直定規(三角形)」と直定規の断面形状を示します。また、**図3.53**に、「直定規」を使用した工作物の測定の様子を示します。図に示すように、直定規(三角形)は、工作物に添わせ、光のもれ具合により、工作物の真直度(ソリ)を確認する測定器です。光が漏れなければ、工作物は直線(ソリがない)と判断できます。

直定規は、JIS B 7514で規定していますが、その断面は、長方形とI形のものしか定義していません。図に示す断面形状が三角形の「直定規」は、形状がよく似た三角スケール(JIS B7514)の規格に一部共通化されています。

図3.50　精密定盤(材質:石)

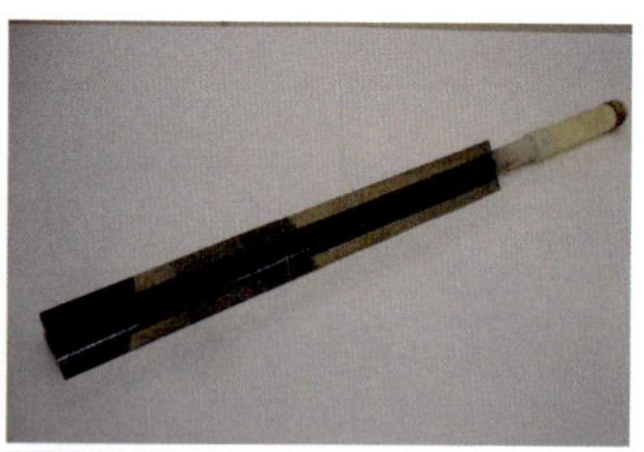

図3.51　直定規(三角形)

図3.52　直定規の断面(三角形)

図3.53　直定規を使用した真直度(直線の度合い)測定の様子

③-3　直角定規(スコヤ)

図3.54、**図3.55**に、「直角定規」と「直角定規」を使用した工作物の直角度(倒れ)測定の様子を示します。「直角定規」は、工作物の直角度(倒れ)を確認する測定器で、図に示すように、短片を精密定盤に押し付けながら、長片を工作物に添わせます。このとき、長片と工作物の隙間から光が漏れなければ直角と判断できます。また、光の漏れ具合が確認し難い場合には、**図3.56**のように、光明丹の当たり具合で「直角度」を判断することもできます。

直角定規は「スコヤ」と呼ばれる場合もあります。

図3.54　直角定規(スコヤ)

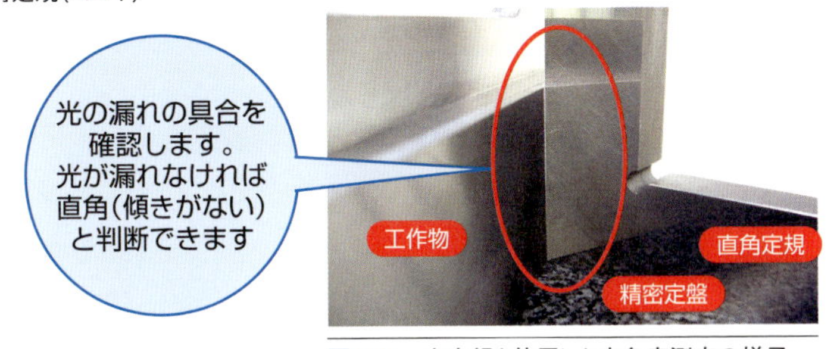

図3.55　直定規を使用した直角度測定の様子

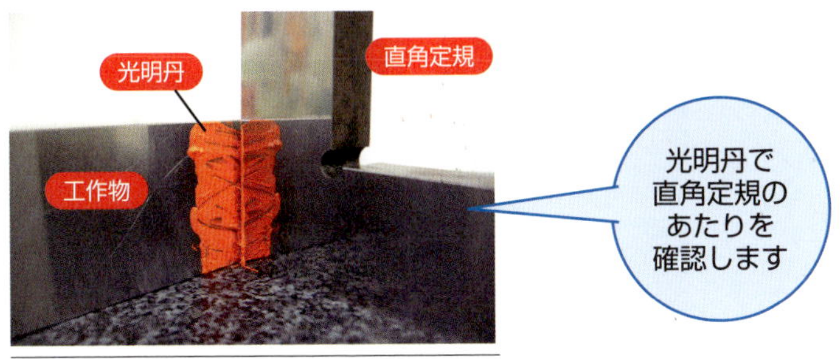

図3.56　直角定規と光明丹を使用した直角度測定の様子

③-4　円筒スコヤ

図3.57、**図3.58**に、「円筒スコヤ」と「円筒スコヤ」を使用した工作物の直角度（倒れ）測定の様子を示します。「円筒スコヤ」は「直角定規」と同じく工作物の直角度（倒れ）を確認する測定器で、使い方もほぼ同じです。

図に示すように、「円筒スコヤ」を精密定盤に置き、工作物を円筒面に添わせます。このとき、工作物と円筒面の隙間から光が漏れなければ直角と判断できます。また、光の漏れ具合が確認し難い場合には、「直角定規」のときと同様に、光明丹の当たり具合で「直角度」を判断することもできます。円筒スコヤは直角定規よりも直角精度がよく、製作も簡単です。

図3.57　円筒スコヤ

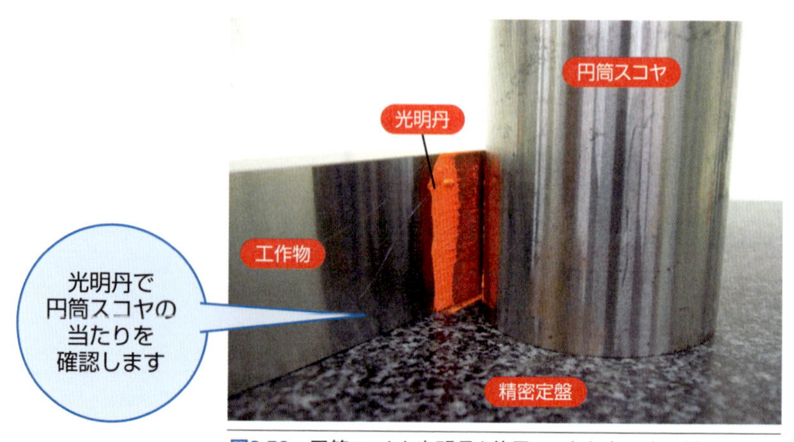

図3.58　円筒スコヤと光明丹を使用した直角度測定の様子

③-5　オプチカルフラット

図3.59、図3.60に、「オプチカルフラット」と「オプチカルフラット」を使用した工作物の平面度測定の様子を示します。

「オプチカルフラット」はガラス製の丸板で、光の干渉縞によって平面度を確認する測定器です。

使い方は、図に示すように、工作物の上にオプチカルフラットを置き、その上から蛍光灯（可視光線：波長0.633mm）の光を当てます。そして、「オプチカルフラット」から干渉縞が見えれば、オプチカルフラットを置いた工作物の平面度は、0.3 mm程度であると判断できます。

一般に、干渉縞が真っすぐで数が少ないと平面度がよい（平面度が0.3mm以下）と判断できます。一方、干渉縞が円弧に曲がっていて数が多ければ平面度は悪い（平面度が0.3mm以上）と判断されます。

「オプチカルフラット」は測定面が「両面用」と「片面用」があります。「両面用」は、どちらの面を工作物に当ててもよいですが、「片面用」は、オプチカルフラットの側面に矢印があるので、矢印の向きを工作物に押し当てます。

また、工作物とオプチカルフラットの間に、切りくずやゴミが入ると正確な測定ができませんので、工作物とオプチカルフラットはきれいにしてから接触させます。

図3.59　オプチカルフラット

図3.60　オプチカルフラットを使用した平面度測定の様子

③-6　真直度（ソリ）を確認するための測定器

図3.61に、「ダイヤルゲージ」を利用した工作物の真直度（ソリ）測定器を示します。この測定器は自作したもので、図に示すように、直方体に3本の足（ねじ）を取り付け、さらに直方体の中央に穴をあけて、この穴にダイヤルゲージのスピンドルを固定しています。

使い方は**図3.62**のように、まず、真直度がゼロの基準片の上でダイヤルゲージの目盛りをゼロに合わせます。次に、**図3.63**のように、工作物の上に載せて、工作物の真直度（ソリ）を測定します。このような測定器をつくっておくと非常に便利です。

図3.61　ダイヤルゲージを利用した平面度測定器

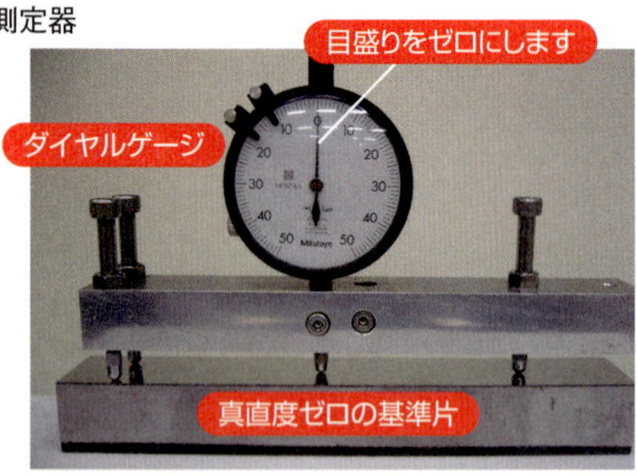

図3.62　測定器を基準片に載せてゼロセットを行います

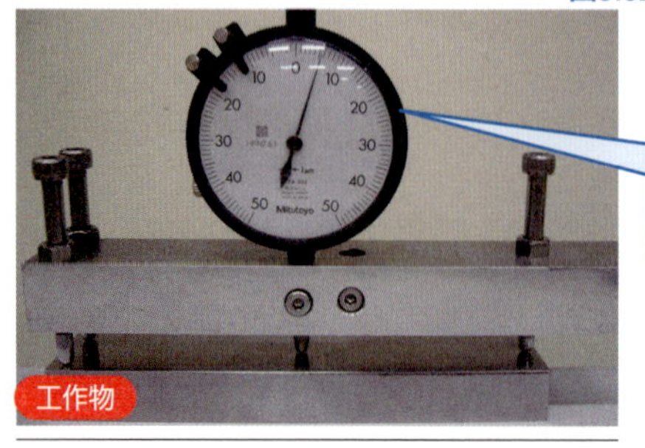

図3.63　測定器を工作物に載せて真直度（ソリ）を測定します

③-7 直角度を確認するための測定器

図3.64に、「てこ式ダイヤルゲージ」を利用した工作物の直角度(倒れ)測定器と、この測定器を使った工作物の測定の様子を示します。この測定器は自作したもので、図に示すように、底面と支柱部は直角で支柱部に穴をあけ、この穴に「てこ式ダイヤルゲージ」を固定しています。

使い方は**図3.65**のように、まず、基準直角ブロックに測定器と「てこ式ダイヤルゲージの測定子」をしっかりと押し当てます。このときの「てこ式ダイヤルゲージ」の目盛りをゼロに合わせます。

次に、**図3.66**のように、測定したい工作物に測定器と「てこ式ダイヤルゲージ」の測定子をしっかりと押し当てます。このとき、「てこ式ダイヤルゲージ」の長針を読み、ゼロからのズレ量により、工作物の直角度(倒れ)を測定します。このような測定器をつくっておくと非常に便利です。

図3.64 てこ式ダイヤルゲージを利用した直角度測定器

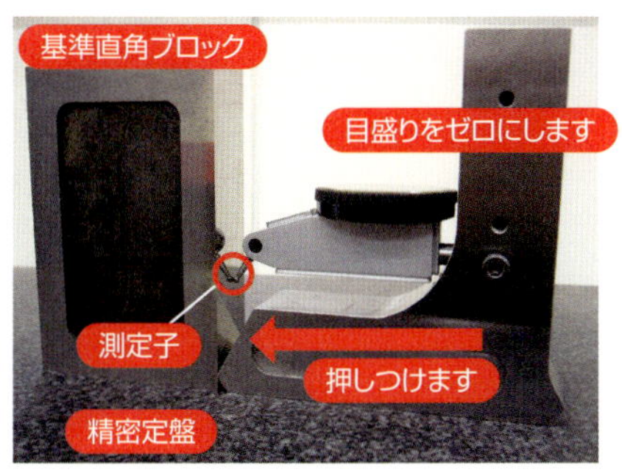

図3.65 測定器を基準直角ブロックに押し当てて、ゼロセットを行います

図3.66 測定器を工作物に押し当てて、直角度(傾き)を測定します

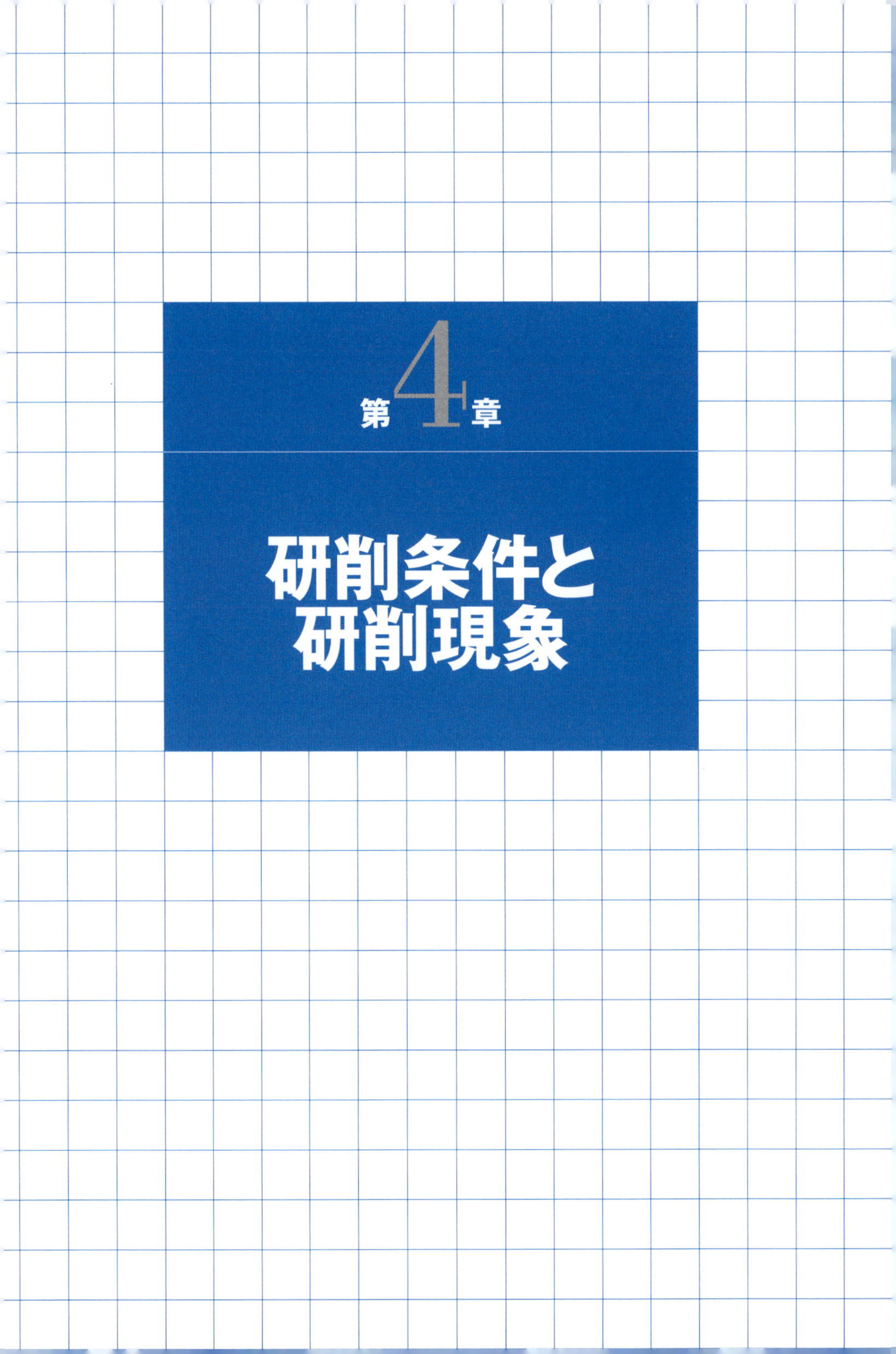

第4章

研削条件と研削現象

4-1 研削条件とは?

図4.1に、横軸角テーブル形平面研削盤を使用した研削加工の様子を示します。研削加工を行うためには、「研削条件」を決める必要があります。研削条件とは、図に示すように、「研削といしの回転数」、「工作物の送り速度」、「切込み深さ」の三つの条件です。

以下にそれぞれの条件について説明しますので、図を見ながら確認してください。

(1)「研削といし」の回転数

「研削といし」の回転数とは、「研削といし」が1分間に回転する回数のことです。単位は、「min^{-1}」で表します。

「研削といし」の回転数は「周速度」から計算します。すなわち、「周速度」を決定しないと「研削といし」の回転数を決めるとができません。「周速度」の詳しい説明と「研削といし」の回転数の計算方法は、後述する④-②、④-③で説明していますので確認してください。

(2) 工作物の送り速度

「工作物の送り速度」とは、「工作物が1分間に移動する距離(mm)」のことです。単位は「mm/min」で表します。

研削加工の場合、「工作物の送り速度」は、工作物の材質によって目安が決められています。工作物の送り速度の詳しい説明は後述する④-④で説明していますので確認してください。

(3) 切込み深さ

「切込み深さ」とは、「研削といし」が工作物に食い込む量(深さ)のことです。切込み深さの詳しい説明は、本章④-⑤で説明していますので確認してください。

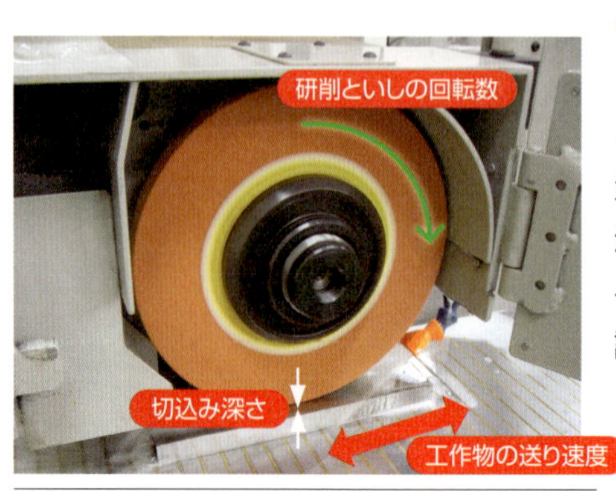

図4.1 平面研削加工の様子

4-2 周速度とは？

「研削といし」の回転数を計算するためには、「周速度」という考え方が基本になります。「周速度」とは、「研削といし」が工作物に接触する（削る）瞬間の速さ」と考えることができます。また、1個の「と粒」に注目し、この「と粒」が1分間に動く距離とも考えられます。どちらの考え方でも構いませんが、基本的には、後者に示す1個の「と粒」に注目するという考え方を覚えておくとよいでしょう。

一般的な周速度の単位は「m/min（1分間に動く距離）」ですが、加工現場では、「m/s（1秒間に動く距離）」もよく使用されます。

表4.1に、各研削盤作業における「研削といし」の一般的な周速度を示します。図に示すように、「周速度」は平面研削、外径研削、内面研削など研削様式により異なりますが、平面研削加工の場合には、1200m/min～1800m/minが常用周速度として使用されます。一般に、「レジノイドといし」は、周速度を幾分高くし、「ビトリファイドといし」は、周速度を幾分低く設定します。なお、特殊な研削加工や特殊な結合剤を使用した「研削といし」を使用する場合には、表に示す周速度が当てはまらない場合もあります。

旋盤加工やフライス加工では、切削工具に超硬合金を使用した場合、切削速度は約100～200m/minです。一方、研削加工では、前述のように周速度が1200m/min～1800m/minですから、研削加工は旋盤加工やフライス加工に比べて、約10倍の速度で加工していることになります。

研削盤作業の様式	研削といしの周速度（m/min）	研削といしの周速度（m/s）
平面研削	1200～1800	20～30
円筒研削	1700～2000	28～33
内面研削	600～1800	10～30
工具研削	1400～1800	23～30

表4.1 各研削盤作業における一般的な「研削といし」の周速度

4-3 「研削といし」の回転数の求め方

「研削といし」の回転数と「周速度」には、次式のような関係式があります。

$$N(\mathrm{min}^{-1}) = \frac{1000 \times V(\mathrm{m/min})}{\pi \times D(\mathrm{mm})}$$

N：「研削といし」の回転数（min^{-1}）
V：周速度（m/min）
π：円周率（3.14）
D：「研削といし」の外径（mm）

式中の1,000は、切削速度の単位を「m」から「mm」に変換するための換算値です。

表4.1に示すように、平面研削加工で使用する一般的な周速度には、1,200m/min～1,800m/minと幅がありますが、これは研削環境により異なるためです。基本的には、1,800m/minを基本と考えればよいでしょう。

たとえば、外径が200mmの「研削といし」を使用し、周速度を1,800m/minと決めた場合、「研削といし」の回転数は、約2,864 min^{-1}となります。

4-4 工作物の送り速度

表4.2に、各研削盤作業における一般的な工作物の送り速度(mm/min)を示します。表に示すように工作物の送り速度は、平面研削、外径研削、内面研削など研削様式により幾分異なりますが、工作物の材質によって基準となる目安が経験的に決められています。

研削盤作業の様式		軟鋼	焼入れ鋼	工具鋼	鋳鉄	アルミ合金
平面研削	仕上げ研削	6000～15000	30000～50000	6000～30000	16000～20000	20000～30000
円筒研削	荒研削	10000～20000	15000～20000	15000～20000	10000～15000	25000～40000
	仕上げ研削	6000～15000	6000～16000	6000～16000	6000～15000	18000～30000
	精密研削	5000～10000	5000～10000	5000～10000	5000～10000	10000～15000
内面研削	仕上げ研削	20000～40000	16000～50000	16000～40000	20000～50000	40000～70000

表4.2 各研削盤作業における一般的な工作物の送り速度〔mm/min〕

4-5 切込み深さ

表4.3に、各研削盤作業における一般的な切込み深さ(mm)を示します。表に示すように、切込み深さは、いずれの研削様式においても、荒研削では0.01mm～0.2mm、仕上げ研削では0.005～0.01mmが目安です。

研削盤作業の様式		軟鋼	焼入れ鋼	工具鋼	鋳鉄	アルミ合金
平面研削	荒研削	0.015～0.03	0.015～0.03	0.02～0.04	0.015～0.04	0.01～0.03
	仕上げ研削	0.005～0.01	0.005～0.01	0.005～0.01	0.005～0.01	0.002～0.01
円筒研削	荒研削	0.015～0.01	0.02～0.04	0.005～0.01	0.015～0.04	0.01～0.03
	仕上げ研削	0.005～0.015	0.005～0.01	～0.005	0.005～0.01	0.002～0.015
内面研削	荒研削	0.015～0.03	0.015～0.03	0.005～0.015	0.015～0.03	0.01～0.03
	仕上げ研削	0.005～0.01	0.005～0.01	～0.005	0.005～0.01	0.005～0.01

表4.3 各研削盤作業における一般的な切込み深さ〔mm〕

4-6 プランジカット研削 トラバースカット研削 バイアス研削

図4.2に、横軸平面研削加工における「プランジカット研削」、「トラバースカット研削」、「バイアス研削」の模式図を示します。図に示すように、一般的な平面研削加工にはプランジカット研削、トラバースカット研削、バイアス研削の3種類があります。

「プランジカット研削」とは、図(a)に示すように、「といし軸」と直角方向のみに工作物、または「研削といし」を送り運動させる研削方法です。「プランジカット研削」は、一般に工作物の幅(研削する幅)が研削といしの厚さよりも小さく、1回の往復送り運動で研削できるような場合に使用します。

「トラバースカット研削」とは、図(b)に示すように、「といし軸」と直角方向の送り運動(プランジカット研削)に加えて、間欠的に平行方向にも送り運動させる研削方法です。「トラバースカット研削」は、一般に、工作物の幅(研削する幅)が研削といしの厚さよりも大きい場合に使用します。

「トラバースカット研削」は、後述する「バイアス研削」に比べて研削仕上げ面がよく、安定した研削加工が行えます。

「バイアス研削」とは、図(c)に示すように「といし軸」と直角方向の送り運動(プランジカット研削)に加えて、連続的に平行方向にも送り運動する研削方法です。「バイアス研削」は図からわかるように斜めに研削加工が進行します。

第1章図1.13に示す②のレバーを反時計方向に回すと、バイアス研削ができます。一方、時計方向に回すとトラバースカット研削ができます。

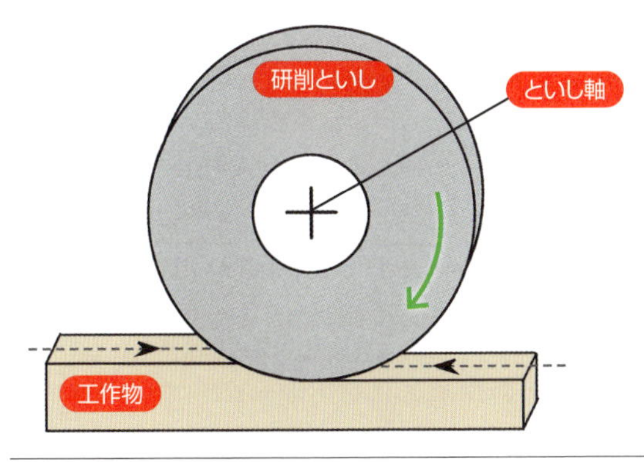

図4.2（a）　プランジカット研削の模式図

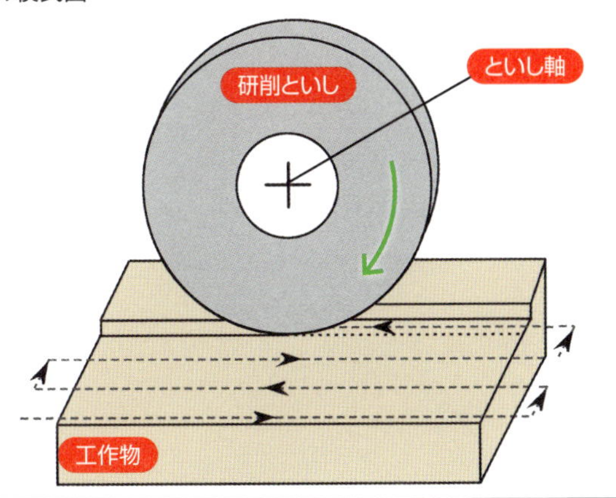

図4.2（b）　トラバースカット研削の模式図

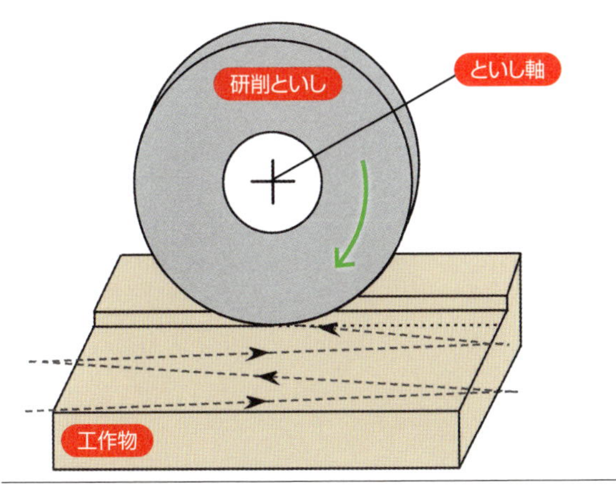

図4.2（c）　バイアス研削の模式図

4-7 上向き研削と下向き研削（アップカットとダウンカット）

図4.3に、横軸平面研削加工における上向き研削と下向き研削の模式図を示します。

上向き研削は、図(a)に示すように、「研削といし」の回転方向と工作物の送り方向が向き合う研削です。一方、下向き研削は図(b)に示すように、「研削といし」の回転方向と工作物の送り方向が同じ方向になる研削です。

プランジカット研削、トラバースカット研削、バイアス研削では、上向き研削と下向き研削を繰り返しながら研削加工が進行します。下向き研削は、「と粒」が工作物に食い込みやすく、研削熱が小さいので、精密仕上げ研削に向いています。

なお、上向き研削は「アップカット」、下向き研削は「ダウンカット」とも言われます。

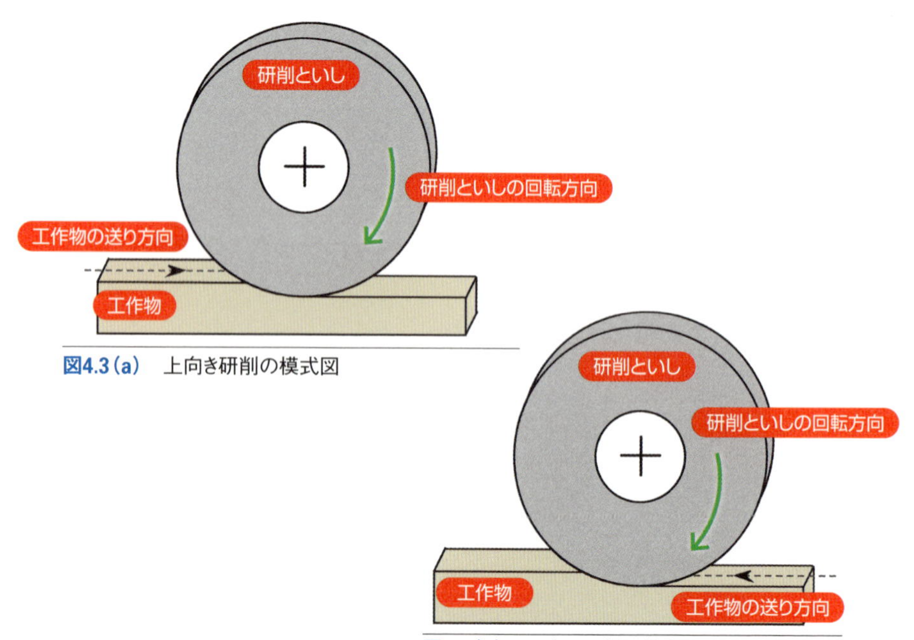

図4.3(a)　上向き研削の模式図

図4.3(b)　下向き研削の模式図

4-8 「研削といし」の自生作用

図4.4に、平面研削加工の模式図を示します。図に示すように、研削加工は、「と粒」が工作物を削る加工方法です。したがって、研削加工が進行するに従い、「と粒」は摩耗し、「と粒」を保持している結合剤の結合力も弱まります。さらに研削加工が進行すると、そのうち、結合剤の結合力が研削抵抗に耐えられなくなり、摩耗した「と粒」がポロっと脱落します。

摩耗した「と粒」が脱落することにより、「研削といし」の内側にあった「と粒」が表面に現れ、この「と粒」が工作物を削ることになります。このようなサイクルを繰り返すことによって、研削加工は継続され、「研削といし」の外径は小さくなっていきます。

このように、「と粒」が摩耗、脱落を繰り返し、絶えず新しい「と粒(切れ刃)」が生成される作用を、「自生作用」と言います。また、切れ刃を自分で発生させることから、「自生発刃(じせいはつじん)」とも言われます。これは、「研削といし」特有の作用で、旋盤加工やフライス加工で使用する切削工具は、工具自身が切れ味を蘇らせることはできません。自生作用が発生する適当な研削条件で加工すると、理論上は、「ドレッシング(目立て)」する必要がなくなります。しかし、「研削といし」の真円度は崩れるので、適宜、ツルーイングは必要です。

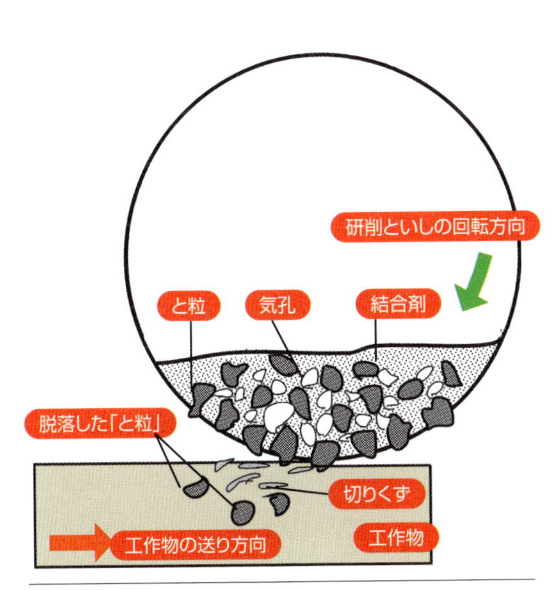

図4.4 平面研削加工の模式図

4-9 目つぶれ、目づまり、目こぼれ

図4.5、**図4.6**、**図4.7**に、「目つぶれ」、「目づまり」、「目こぼれ」の模式図を示します。研削加工は、「目つぶれ」、「目づまり」、「目こぼれ」の3つの加工現象に大きく分類されます。

「目つぶれ」は図に示すようにドレッシング直後には凹凸があった「と粒」が研削加工の進行により平坦化し、切れ味が悪くなる現象です。主に、ドレッシング速度が遅い場合や切込み深さが小さい場合に発生します。「目つぶれ」になると、研削仕上げ面が曇り、焼けたようになります。このような場合には、再度ドレッシングを行い、「と粒」の切れ味を回復します。

「目づまり」は図に示すように気孔(「と粒」と「と粒」の隙間)に切りくずが詰まり、切りくずの排出ができなくなる現象です。主に、微粉で組織が密、結合度の高い「研削といし」を選択した場合に発生します。「目づまり」になると、研削といしの切れ味が急に悪くなりますので、「目つぶれ」と同様に、研削仕上げ面粗さが曇ります。さらに、工作物に波のような模様が発生します。この場合も、再度ドレッシングを行い、「と粒」の切れ味を回復します。

「目こぼれ」は図に示すように「と粒」がボロボロと崩れていく現象です。主に、結合度の低い「研削といし」を選択した場合や切込み量が大きい場合、「研削といし」の回転数が低い場合に発生します。「目こぼれ」になると、研削仕上げ面が極めて粗くなります。この場合は、結合度の高い「研削といし」に交換するか、切込み深さを小さく、「研削といし」の回転数を高くして様子を見ます。

このように、研削加工は上記に示す3つの加工現象のうち、いずれか1つの現象を主体に加工が進んでいくのですが、その現象が極めて大きくなると、研削仕上げ面が曇ったり、周期的な模様が付いたりします。「目つぶれ」、「目づまり」、「目こぼれ」は、「研削といし」の選択や研削条件の設定が悪い場合に発生しますので、作業者は「研削といし」の選択と研削条件の設定を適切に行う必要があります。

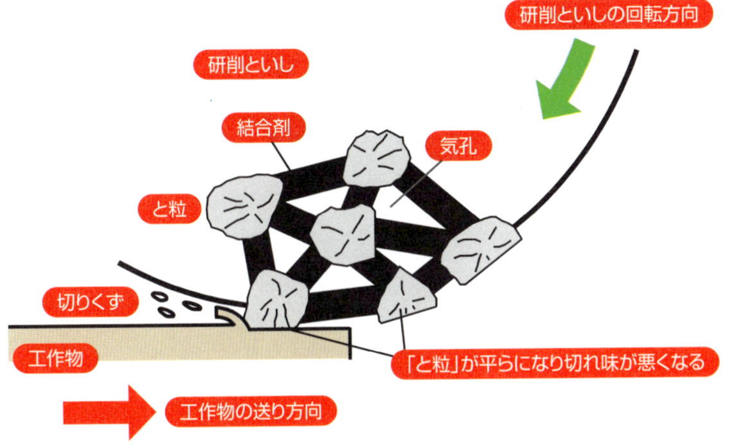

図4.5 「目つぶれ」の模式図

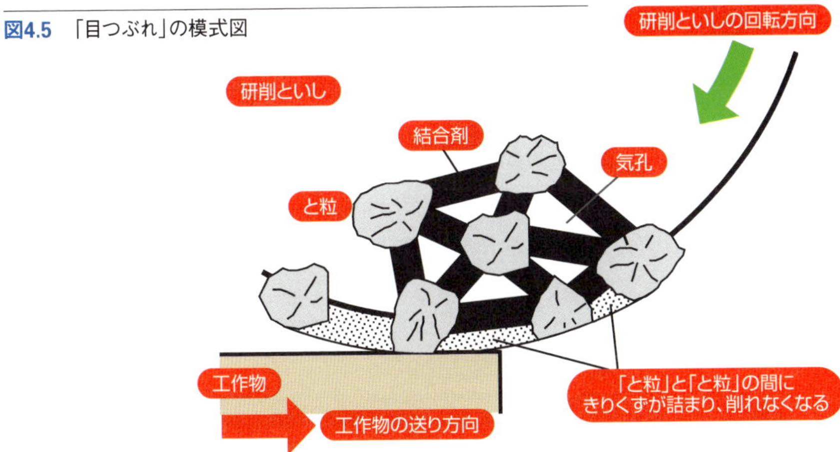

図4.6 「目づまり」の模式図

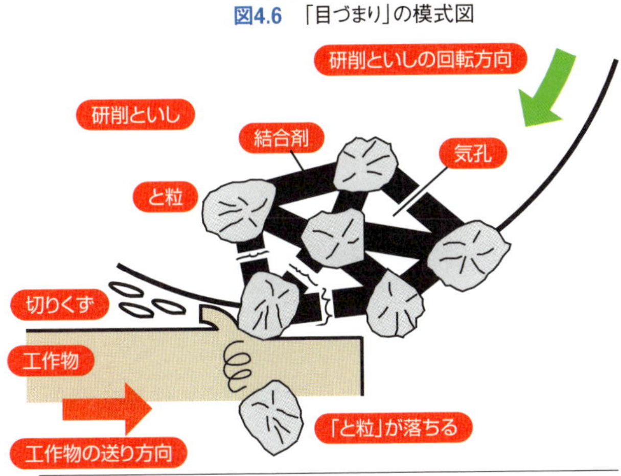

図4.7 「目こぼれ」の模式図

ここがポイント！

「目つぶれ」、「目づまり」、「目こぼれ」は、「と粒」を保持する結合剤の結合力と、「と粒」に作用する研削力（抵抗）の関係により発生します。つまり、「と粒」を保持する結合剤の結合力が「と粒」に作用する研削力よりも大きければ、「目つぶれ」、「目づまり」が発生しやすく、「と粒」に作用する研削力が結合剤の保持力よりも大きければ、「目こぼれ」が発生します。

4-10 目つぶれ、目づまり、目こぼれの原因と対策

表4.4、**表4.5**、**表4.6**に、「目つぶれ」、「目づまり」、「目こぼれ」の原因とその対策をまとめて示します。実際の研削加工では、研削仕上げ面の状態や研削音、振動などから研削現象を把握し、研削状態の良し悪し（目つぶれ、目づまり、目こぼれ）を判断します。すなわち、研削加工では経験に頼るところが多く、初心者には研削状況を十分に把握することは困難ですが、表に示す「目つぶれ」、「目づまり」、「目こぼれ」が発生する原因と対策は覚えておくとよいでしょう。

原因	要因	対策
研削といし	粒度が高い（と粒が小さい）	粒度を低くする（と粒を大きくする）
研削条件	切込み深さが小さい	切込み深さを大きくする
ドレッシング	ドレッシング速度が遅い	ドレッシング速度を速くする
	ダイヤモンドドレッサが摩耗している	ダイヤモンドドレッサの角度を変える
	ダイヤモンドドレッサの切込み量が小さい	ダイヤモンドドレッサの切込み量を大きくする

表4.4　目つぶれの原因と対策

原因	要因	対策
研削といし	粒度が高い（と粒が小さい）	粒度を低くする（と粒を大きくする）
	組織番号が小さい（と粒率が高い）	組織番号を大きくする（と粒率を低くする）
	結合度が高い（といしが硬い）	結合度を低くする（といしを軟らかくする）
研削油剤	研削油剤の供給量が少ない	研削油剤の供給量を多くする
	研削油剤の種類が合っていない	研削油剤の種類を変える

表4.5　目づまりの原因と対策

原因	要因	対策
研削といし	結合度が低い（といしが軟らかい）	結合度を高くする（といしを硬くする）
	研削といしの外径が小さい（使用による消耗）	新しい研削といしに交換する
研削条件	切込み深さが大きい	切込み深さを小さくする
	周速度が低い（回転数が遅い）	周速度を高くする（回転数を速くする）
	工作物の送り速度が速い	工作物の送り速度を遅くする

表4.6　目こぼれの原因と対策

4-11 研削条件と研削現象

表4.7、表4.8、表4.9に、研削条件と代表的な研削現象の関係をまとめて示します。研削条件は研削現象と密接な関係があり、良好な研削加工を行うためには、適切な研削条件の選定が不可欠です。

表に示す研削条件と研削現象の関係をもとに、研削条件の設定指針を考えるとよいでしょう。また、研削加工に慣れてきたら、表に示す内容について深く考えてみることも大切です。研削加工は奥が深いです。

研削といしの周速度(回転数)	低い(遅い)	高い(速い)
研削熱	低い	高い
研削抵抗	小さい	大きい
研削といしの安全性	高い	低い

表4.7　「研削といし」の周速度と研削現象の関係

工作物の送り速度	遅い	速い
研削熱	低い	高い
研削抵抗	小さい	大きい
研削仕上げ面	細かい(きれい)	粗い
研削といしの作業面	目つぶれ	目こぼれ・目づまり
研削といしの消耗	少ない	多い

表4.8　工作物の送り速度と研削現象の関係

切込み深さ	小さい	大きい
研削熱	低い	高い
研削抵抗	小さい	大きい
研削といしの作業面	目つぶれ	目こぼれ・目づまり
研削といしの消耗	少ない	多い

表4.9　切込み深さと研削現象の関係

4-12 研削抵抗

図4.8に、「研削抵抗」の模式図を示します。「研削抵抗」とは、「と粒」が工作物を削るときに発生する抵抗力です。図に示すように、工作物の送り方向に掛かる抵抗を「主分力（しゅぶんりょく）」と言い、工作物の垂直方向に掛かる抵抗を「背分力（はいぶんりょく）」と言います。図からわかるように、研削加工では背分力が主分力よりも大きく、背分力は主分力の約2倍の値になります。

図4.9に、旋盤加工やフライス加工などの切削加工で発生する「切削抵抗」の模式図を示します。「切削抵抗」とは、「切れ刃」が工作物を削る時に発生する抵抗力です。図に示すように、切削加工では主分力が背分力よりも大きく、主分力は背分力の約2～3倍の値になります。

このように、研削加工は、切削加工（旋盤加工やフライス加工）に比べて工作物に対する抵抗が大きく、工作物はストレスを感じていることになります。そして、この抵抗（ストレス）が平面度（ソリの発生）や直角度に影響を及ぼす原因になります。つまり、良好な研削加工を行うためには、「研削といし（と粒）」の切れ味を良くし、いかに工作物に抵抗（ストレス）を与えないようにするかが重要であり、腕の見せどころと言えます。

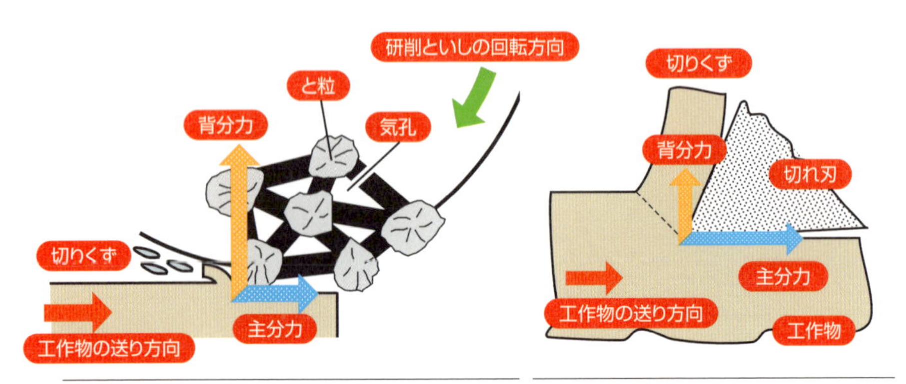

図4.8　研削抵抗の模式図

図4.9　切削抵抗の模式図

4-13 ドレッシング速度と研削仕上げ面の関係

図4.10に、ドレッシング速度を変化させた場合の研削仕上げ面の違いを示します。「研削といし」は、WA46H6Vを使用し、工作物は、焼入れした鋼材（S55C）です。また、ドレッシング速度以外の条件はすべて同じです。

図に示すように、ドレッシング速度が遅い場合には、研削仕上げ面に規則的な波上の模様（叩きの模様）が確認でき、また、仕上げ面は若干ザラザラしています（梨地面になる）。一方、ドレッシング速度が速い場合には、研削仕上げ面にうろこ状の模様が確認できます。

これらに対して、ドレッシング速度が適度な場合には、研削仕上げ面が非常にきれいな研削仕上げ面になっていることがわかります。このように、研削条件が同じ場合でも、ドレッシング速度の違いにより、研削仕上げ面は大きく異なります。すなわち、ドレッシング速度は、遅くても、早くてもいけません。

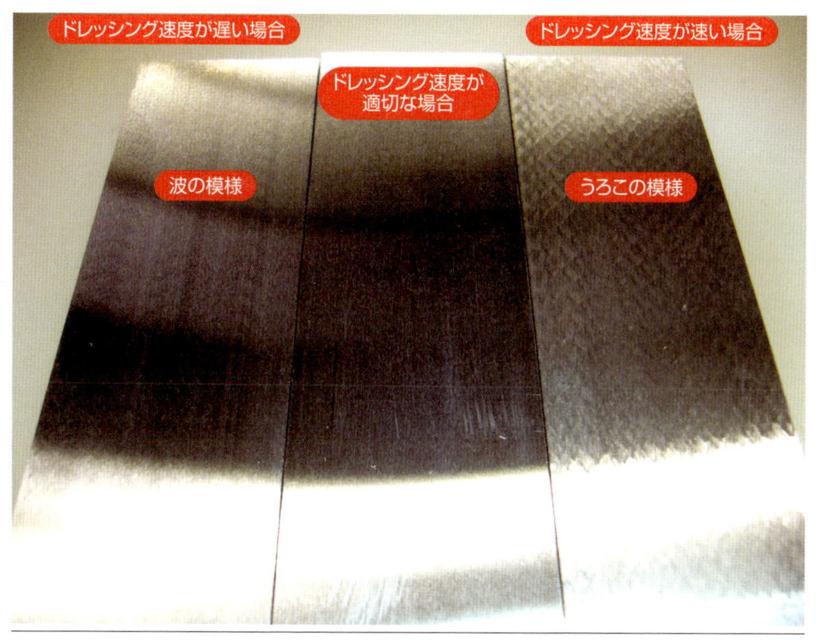

図4.10 ドレッシング速度と研削仕上げ面の関係

図4.11に、ツルーイング・ドレッシングを適当に行い、研削条件を適切に設定した場合の研削仕上げ面を示します。「研削といし」の仕様と工作物は、**図4.10**と同じです。図に示すように、研削仕上げ面の上に置いた「スローアウェイチップ※」が、研削仕上げ面に写り込んでいることがわかります。このことから、ツルーイング・ドレッシングを丁寧に行い、研削条件を適切に設定すれば、非常にきれいな研削仕上げ面が得られることがわかります。

ツルーイング・ドレッシングの作業方法や考え方は第2章②-⑦で説明していますので参照してください。

※スローアウェイチップ…旋盤加工で使用する切削工具

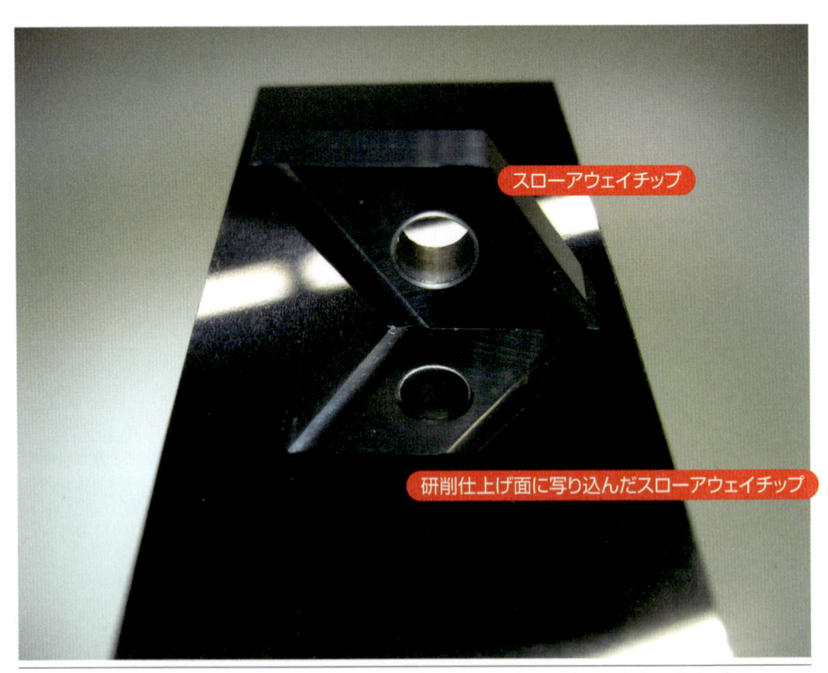

図4.11　WA46HVの「研削といし」で焼入れした鋼材（S55C）を研削した場合の仕上げ面

第5章

平面研削盤作業をやってみよう

5-1 安全第一

図5.1に、研削盤作業を行う場合の服装の「良い例」と「悪い例」を示します。図に示すように、研削盤作業を行う場合には、服装をしっかり整え、落ち着いた気持ちで作業することが大切です。

研削盤作業では、軍手など手袋の使用は厳禁です。研削盤は、「研削といし」が高速回転するため、回転する「研削といし」に軍手が巻き込まれれば大事故になります。研削盤作業は必ず素手で行います。

気をつけよう
機械加工では、よい製品をつくることも大切ですが、安全に作業することが最も大切です。安全作業の第一歩は服装です。

図5.1　研削盤作業を行う服装の良い例と悪い例

5-2 潤滑油タンクの油量を確認しよう

図5.2に、オイルゲージを示します。研削盤本体の後部には、図に示すような、オイルゲージがあります。研削盤作業を始める前には、必ず、オイルゲージで潤滑油の量を確認します。オイルゲージの上線と下線の間に潤滑油があればOKです。ここで、潤滑油がオイルゲージの下線よりも低い場合、または、下線に近い(図のような)場合には、潤滑油を給油します。

図5.3に、潤滑油タンクを示します。研削盤本体の後部のカバーを外すと、図に示すような、潤滑油タンクがあります。この潤滑油タンクに、ゴミなど異物が入らないように注意し、研削盤メーカの推奨する潤滑油を給油します。

一般的な汎用(手動)の研削盤では、潤滑油は、テーブル、サドル、主軸頭の案内面に必要な摺動油も兼用していますので、摺動油を必要とせず、また、摺動油タンクもありません。使用頻度にもよりますが、潤滑油は、1年に1回は交換した方がよいでしょう。

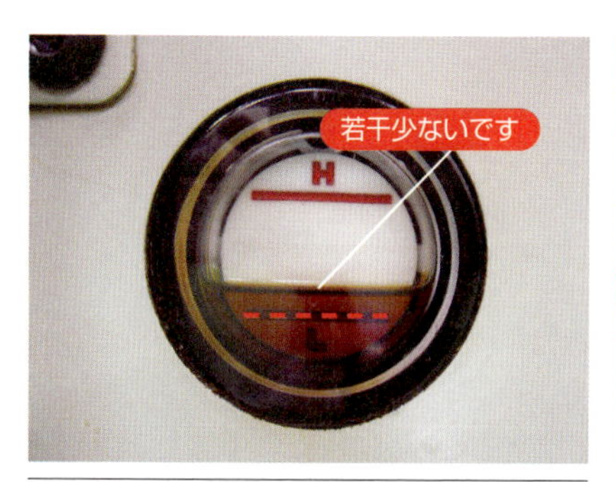

図5.2　潤滑油タンクの油量を確認します

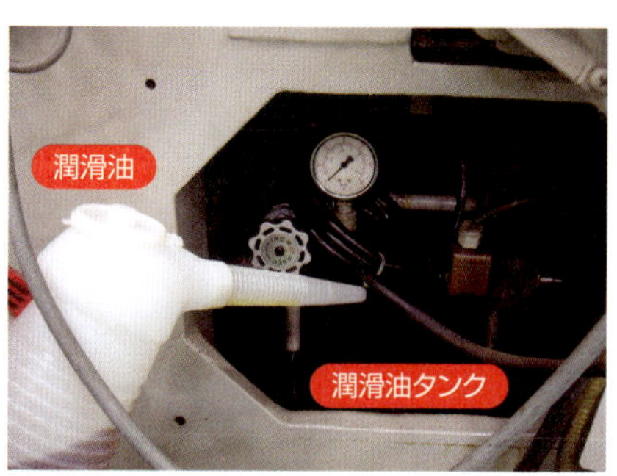

図5.3　潤滑油タンクに給油します

5-3 研削盤の主電源を入れよう

図5.4に、研削盤の主電源を操作する様子を示します。研削盤本体には、図に示すような、主電源が付いています。主電源を操作する場合には、必ず右手で行います。これは、万が一、電源が漏電していた場合、左手で電源投入を行えば、電流は心臓を通って地面に流れ非常に危険だからです。右手で行えば、感電は避けられませんが、心臓が直接損傷を受けることはありません。小さなことですが、安全に気をつけることが大切です。

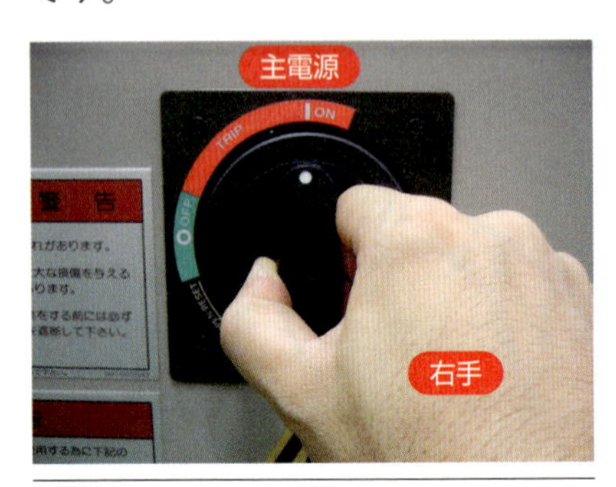

図5.4 主電源は必ず右手で操作します

電源操作は必ず右手で行います。

5-4 「ハンドル」、「レバー」、「操作盤」の確認をしよう

図5.5に、平面研削盤本体の前面にあるレバーを示します。はじめに、レバーの確認をします。①のレバーは、テーブルの自動送り速度を調整するレバーで、まず、停止の位置にあることを確認します。そして、②はサドルの自動送り速度を調整するレバーで、①のレバーと同様に、停止の位置にあることを確認します。

次に、ハンドル操作の確認をします。**図5.6**に、平面研削盤のハンドルを操作する様子を示します。図に示すように、平面研削盤の前面には

2個のハンドルがあります。それぞれのハンドルを手で回して、「テーブル」と「サドル」がどの方向に動くか確認しましょう。平面研削盤のハンドルはそれぞれクラッチ機構になっており、ハンドルを操作する場合にはハンドルを押し込みながら回します。

図5.7に、平面研削盤の操作盤を示します。図に示すように、操作盤には色々なボタンがあります。この中で、③に示すダイヤルで、「研削といし（といし頭）」を上下することができます。また、④に示すダイヤルで、ダイヤル③の倍率を変えられます。

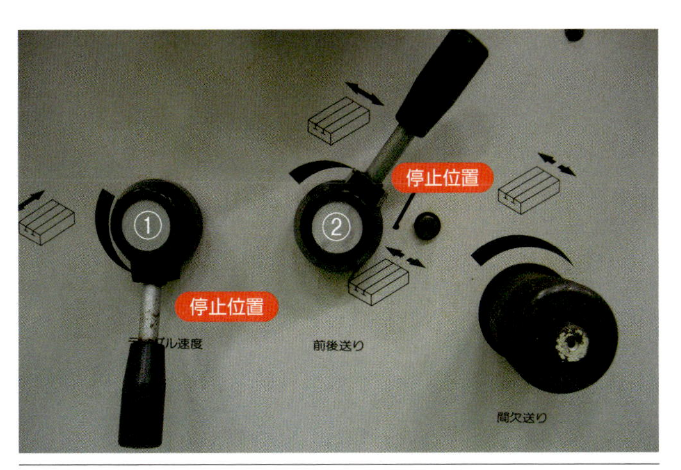

図5.5 テーブル・サイドの送り速度調整レバーの確認

図5.6 サドル・テーブル手送りハンドルを操作する様子

図5.7 平面研削盤の操作盤

5-5 「研削といし」を回転しよう（試運転検査）

図5.8に、「研削といし」が回転する様子を示します。図に示すように、「研削といし」を回転させる場合には、万が一、「研削といし」が割れて飛散したときのことを考え、必ずといし覆いを閉めます。

また、ドレスユニットを持つ平面研削盤の場合には、「研削といし」を回転させる前に、といし覆いを開けて、ダイヤモンドドレッサが「研削といし」に接触していない（逃げている）ことを確認する必要があります（**図5.9**参照）。

なお、第2章②-③でも説明しましたが、労働安全衛生法規則において、「研削といしはその日の作業を開始する前には1分間以上、研削といしを取り替えたときには3分間以上試運転をしなければならない」と規定されています。

図5.8　「研削といし」の試運転検査の様子

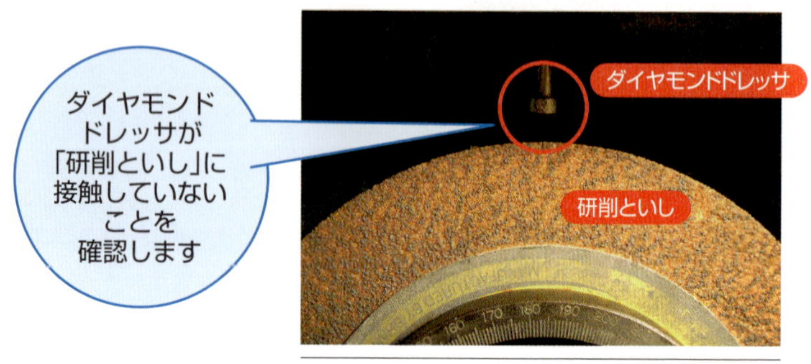

図5.9　ダイヤモンドドレッサの位置を確認します
（ドレスユニットを持つ平面研削盤の場合）

5-6 ツルーイング・ドレッシングをしよう

図5.10に、「ツルーイング・ドレッシング作業の様子を示します。研削といしの「試運転検査」が終了し、研削加工を行う前には、図に示すように、ツルーイング・ドレッシングを行う必要があります。

ツルーイングは、「研削といし」を真円にし、「研削といし」の重心を研削盤のといし軸の中心と一致させることが目的です。

ドレッシングは「と粒」を小さく砕き、鋭利な切れ刃にすることが目的です。

ツルーイングおよびドレッシングの方法や考え方は、第2章②-⑯、⑰、⑱で説明していますので確認してください。

図5.10 ツルーイング・ドレッシング作業の様子

5-7 工作物を取り付けよう

図5.11に、工作物を磁気チャックに取り付ける様子を示します。工作物を磁気チャックに取り付ける場合には、**図5.12**、**図5.13**に示すように、油砥石を使用して、工作物および磁気チャックの凹凸やバリをきれいに取り除くことが大切です。

最終的には、手のひらや指の感触で、磁気チャック上面の凹凸と工作物のバリを確認します(**図5.14**、**図5.15**参照)。

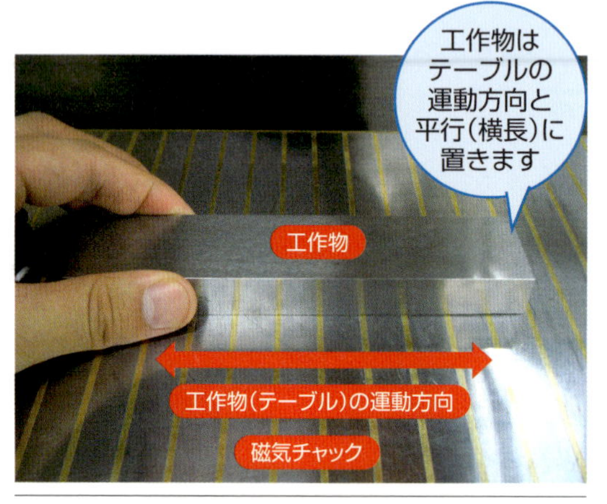

図5.11　工作物を磁気チャックに取り付ける様子

1.工作物は、テーブルの中央に置きます。
2.工作物は、テーブルの運動方向と平行(横長)にします。

図5.12　油砥石で磁気チャックの凹凸を除去します

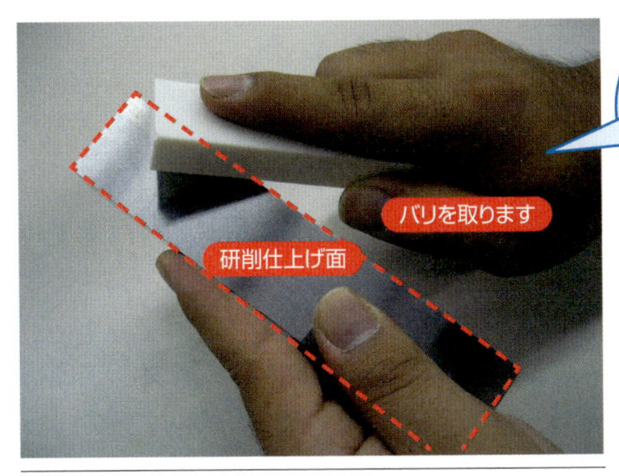

図5.13　油砥石で工作物のバリを除去します

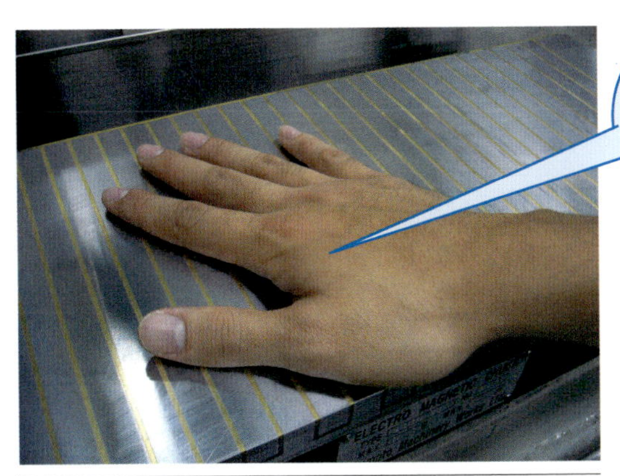

図5.14　手の平で、磁気チャックの凸凹を確認します

図5.15　指で工作物のバリを確認します

5-8 ドグの調整をしよう

図5.16に、研削盤本体に設置されている「テーブル用ドグ」と「サドル用ドグ」を示します。

「ドグ」は、自動送り運動の範囲を調整するためのもので、図5.17、図5.18に示すように、テーブルの移動量（テーブル用ドグ）は、工作物よりも30～50mm大きく設定し、サドルの移動量（サドル用ドグ）は、工作物よりも10～30mm大きく設定するとよいでしょう。テーブル、サドルともに移動量が工作物に近過ぎる場合には、反転時の振動が研削仕上げ面に影響することがあります。

なお、サドルの前後操作を手動で行う場合には、サドル用ドグの設定は必要ありません。

1.ドグの調整はテーブル、サドルが停止した状態で行います。テーブル、サドルを自動送り運転しながらドグの調整をすると、手や指が巻き込まれる可能性があり大変危険です。
2.テーブル用ドグは工作物を中心に左右対称になるように設定します。

図5.16　テーブル用ドグとサドル用ドグ

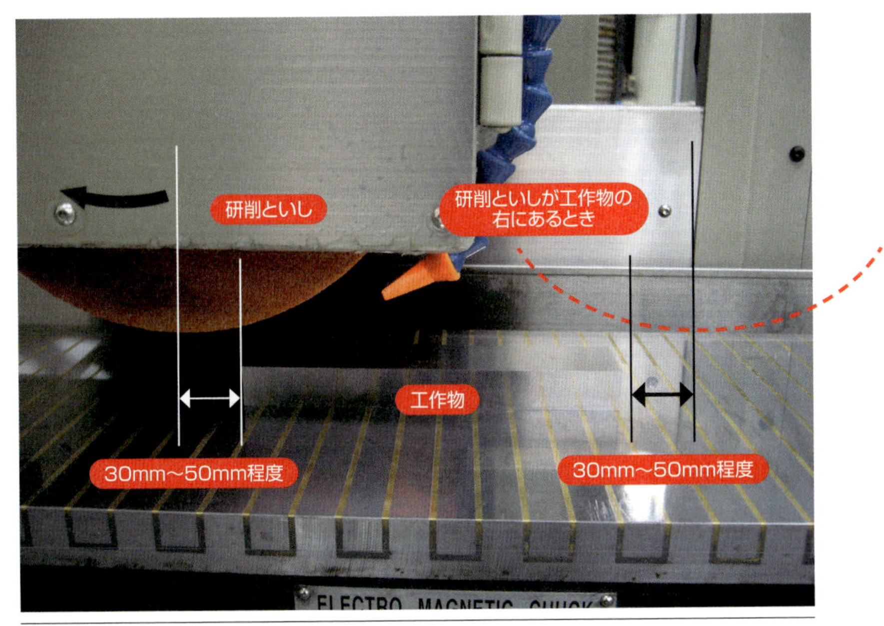

図5.17 テーブルの移動量（ドグの設定）は、工作物より30mm～50mm程度大きくします

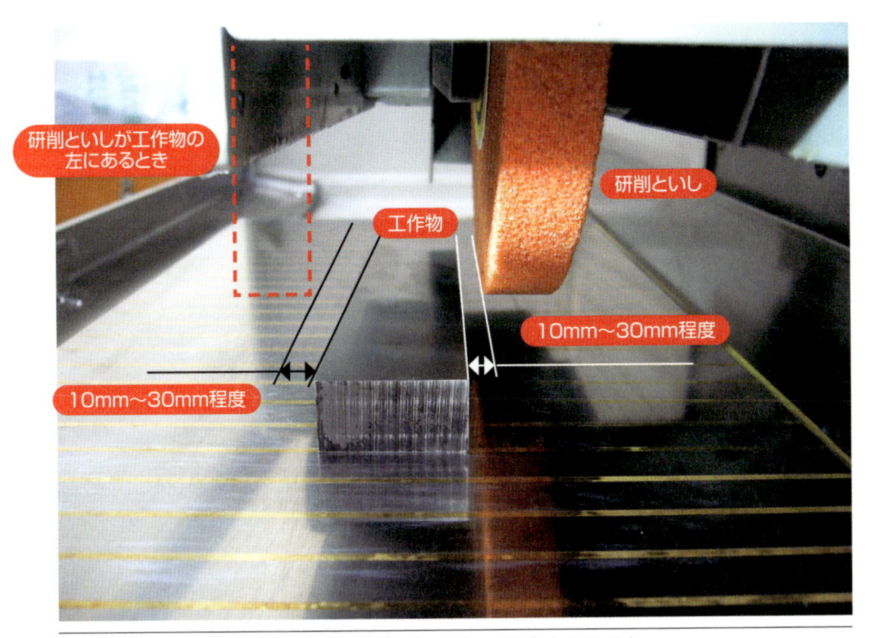

図5.18 サドルの移動量（ドグの設定）は、10～30mm程度大きくします

5-9 研削条件を考えよう

はじめに、「研削といし（研削盤主軸）の回転数」を決定します。第4章で説明したように、今回は、周速度1,800m/min、「研削といし」の外径が200mmとして、「研削といし」の回転数を計算します。計算方法は第4章で説明していますので省略しますが、計算すると、約2,864min^{-1}となるので、2,800～2,900min^{-1}程度に回転数を設定します（**図5.19**参照）。なお、研削盤の種類によっては、「研削といし（といし軸）の回転数」は一定で、回転数を調整できないものもあります。この場合は、その回転数から得られる周速度を逆算し、把握しておくことが大切です。

次に、「工作物の送り速度」を決定します。一般的な汎用（手動）研削盤の場合、テーブルの送り運動の機構には油圧シリンダを使用していますので、正確な速度設定はできません。テーブルの速度設定は、テーブル送り速度調整レバーを操作して行います（図5.5参照）。このとき、**図5.20**に示すように、テーブルに基準片を張り、その下にスケールを置いてテーブルが運動する時間を測定すれば、おおよその速度が計算できます。

なお、油圧シリンダは潤滑油を利用した運動機構ですから温度に敏感です。冬場や朝一番の作業では、潤滑油が固くなっているのでテーブル（シリンダ）の動きも鈍くなります。このため、研削加工を行う場合には、作業する30分前くらいにはテーブルを運動させ、潤滑油を温め滑らかにしておくことが大切です。同時に、といし軸（研削といし）も回転させておくと、主軸の温度変化も安定します。

最後に、「切込み深さ」を決定します。手動で研削加工する場合には、図5.7に示す④のダイヤルで「研削といし」を下げて、切込み深さを設定します。一方、自動で研削加工する場合には、操作盤で切込み深さを設定します。「切込み深さ」の目安は、第4章で説明していますので確認してください。一般的な切込み深さは、荒研削で0.01mm、仕上げ研削で0.002～0.005mmが目安です。

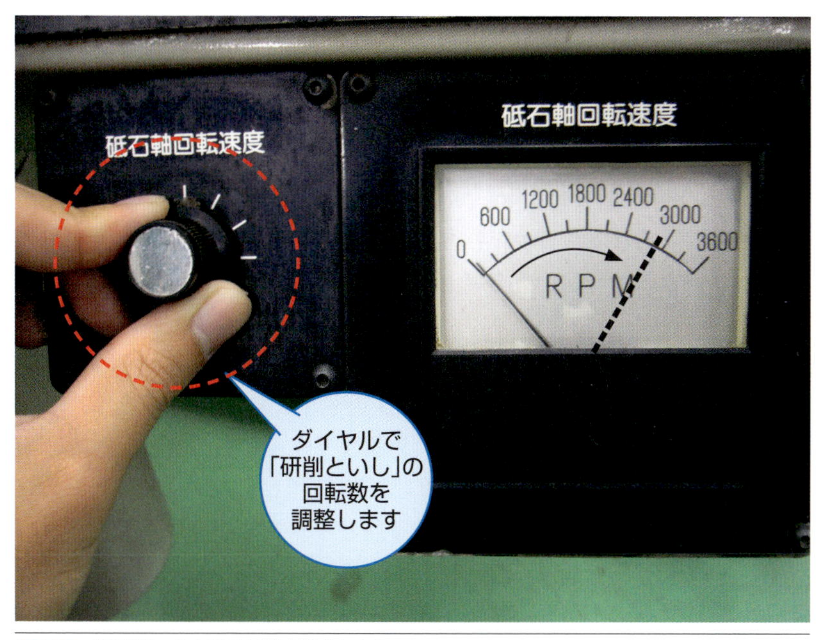

図5.19　「研削といし」の回転数を設定します

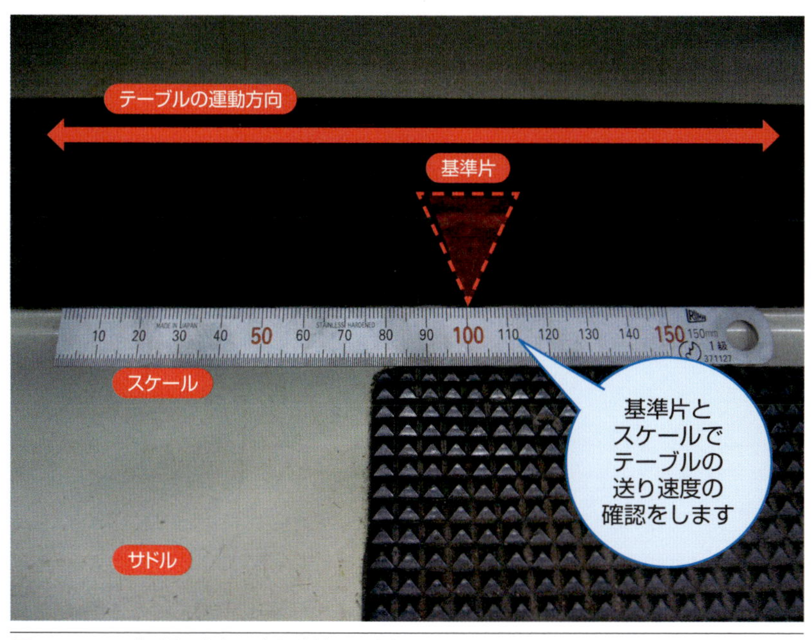

図5.20　テーブル送り速度の確認方法の一例

5-10 工作物の全体的な形状を把握しよう

図5.21に、直定規を使用して工作物の真直度を確認する様子を示します。図に示すような長い工作物は、多くの場合、緩やかな弓型の形状になっていますので、直定規を使用して、工作物の形状を把握します。一般的に、平面研削加工では、凸形の面から加工します。詳しい加工手順は、後述する⑤-⑱を参考にしてください。

図5.22に、外側マイクロメータを使用して工作物の寸法を測定する様子を示します。図に示すように、外側マイクロメータを使用して、研削する面において最も寸法の大きな場所を確認します。この場所が、理論上、「研削といし」が最初に接触する点となります。

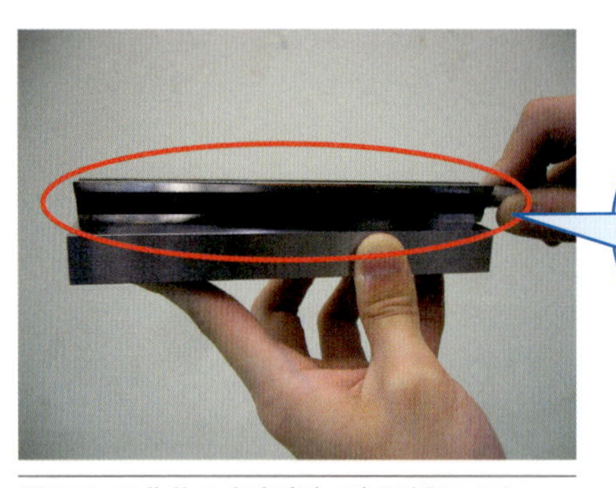

図5.21 工作物の真直度（ソリ）を確認します

図5.22 工作物（研削する面の厚さ）を測定し、寸法の最も大きい場所を確認します

5-11 「研削といし」を工作物に近づけよう

図5.23に、「研削といし」を工作物に近づけるところを示します。図に示すように、「研削といし」を回転させた後、「といし軸頭」上下送りダイヤルを操作し、「研削といし」を工作物表面から1mm程度の距離まで近づけます。「研削といし」を工作物に近づける場合には、「といし軸頭」上下送りダイヤルの倍率を0.01mm単位に設定し、少しずつ「研削といし」を下げます。

※「研削といし」を早送りで工作物に近づけてはいけません。「研削といし」が、勢いよく工作物に接触すれば、「研削といし」は破損し、工作物は吹っ飛び、大事故につながます。

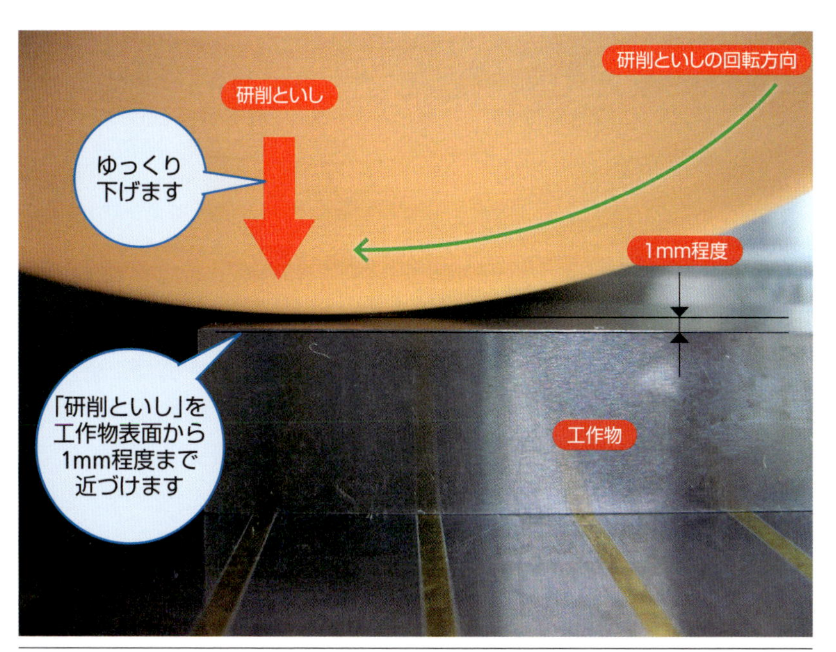

図5.23　「研削といし」を工作物表面の1mm程度まで近づけます

5-12 吸じん装置を起動し、研削油剤を供給しよう

図5.24に、工作物に「研削油剤」を供給する様子を示します。研削加工は、研削点（研削といしと工作物が接触する点）の温度が約1000℃まで上昇するため、研削油剤で熱を除去・抑制することが大切です。研削油剤を供給するノズルは、**図5.25**に示すように先端を「研削といし」の近くに調整し、研削油剤が確実に研削点に供給されるようにします。

ここで吸じん装置を起動します。研削油剤は、高速回転する「研削といし」に接触すると小さな霧状になって作業空間に飛散しますので、吸じん装置で研削油剤のしぶきを吸引します。「研削油剤」は身体に大きな被害はありませんが、できる限り吸い込まない方がよいでしょう。

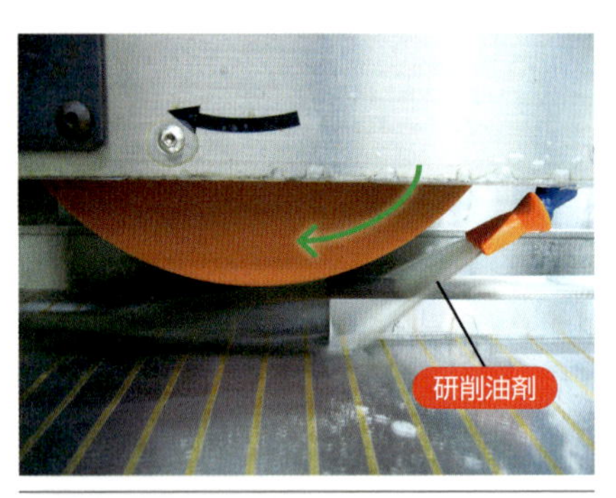

図5.24　研削油剤を供給します

1.研削油剤を掛けた「研削といし」は、研削終了後、5分程度、空運転します。研削油剤は「研削といし」に浸透し、気孔に溜まりますので、空運転を行い、「研削といし」を乾燥させることが必要です。
2.研削盤作業では、健康維持のため、防じんマスクの着用します。

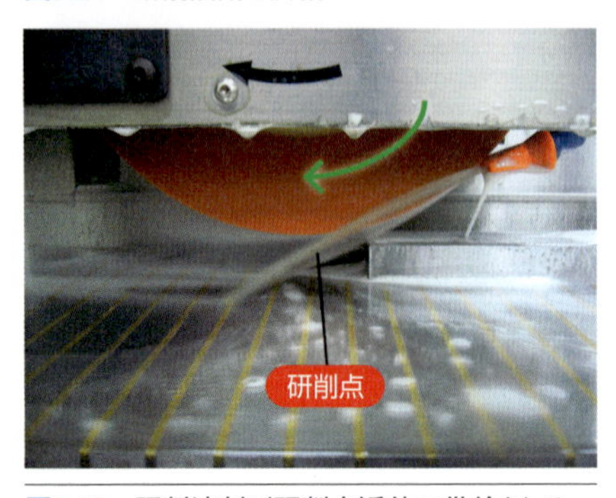

図5.25　研削油剤が研削点近傍に供給されるようにノズルを調整します

5-13 テーブル(工作物)を左右に自動送り運転しよう

図5.26に、テーブル(工作物)を左右に自動送り運転する様子を示します。操作盤のテーブル送り方向切替スイッチを操作して、図に示すようにテーブルを左右に自動送り運転します。ここでは、「研削といし」と工作物表面には1mm程度の間隔があるため、「研削といし」と工作物は接触しません。なお、テーブルを左右に自動送り運転する場合には、あらかじめテーブルドグでテーブルの運動範囲を設定しておきます。(⑤-⑧参照)

図5.26 テーブル(工作物)を左右に自動送り運転します

5-14 「研削といし」を工作物に接触させよう（ゼロ点設定）

図5.27に、といし軸頭上下送りダイヤルを操作して、「研削といし」を工作物に接触させる様子を示します。「研削といし」を工作物に接触させる場合には、といし軸の上下送りダイヤルを0.001mm単位に設定し、少しずつ「研削といし」を下げます。「研削といし」と工作物が接触すると、「シャッ」と音が鳴り、また、小さな火花が散りますので、このときに、操作盤の「といし軸頭上下位置デジタル表示」をリセットし、デジタル目盛りをゼロにします。研削盤作業では、「研削といし」を工作物に接触させる瞬間が一番危険ですので、慎重に行ってください。この作業は、切込み深さを設定する基準となりますので、一般的に「ゼロ点設定（ゼロセット）」と言います。

なお、この作業は研削油剤を供給しながら行う方がよいですが、「研削といし」が工作物に接触する瞬間が確認しにくい場合には、研削油剤を止めて行ってもかまいません。

図5.27　「研削といし」を工作物に接触させます

1.「研削といし」を工作物に勢いよく接触させると、「研削といし」は割れ、工作物は吹っ飛びます。「研削といし」は必ず微動（0.001mm単位）で送ります。

2.「研削といし」は必ず回転させてから工作物に接触させます

5-15 「研削といし」を0.01～0.05mm程度上昇させよう

図5.28に、「といし軸頭」上下送りダイヤルを操作し、「研削といし」を0.01~0.05mm程度上昇させる様子を示します。「研削といし」が工作物に接触した(ゼロ点設定)状態でサドルを前後方向に動かすと、工作物の厚みが前後方向に一定でない(傾斜がある)場合や、磁気チャックと工作物の間に小さなゴミが挟まり、工作物が傾いて取り付けられている場合では、「研削といし」が工作物に大きく食い込むことになり、「研削といし」が割れると同時に、工作物も吹っ飛び、大変危険です。

このため、サドルを前後方向に動かす作業(次に行う作業)の前には、必ずゼロ点設定の位置から「研削といし」を0.01～0.05mm程度上昇させ、「研削といし」が工作物に過度に食い込むことを予防します。

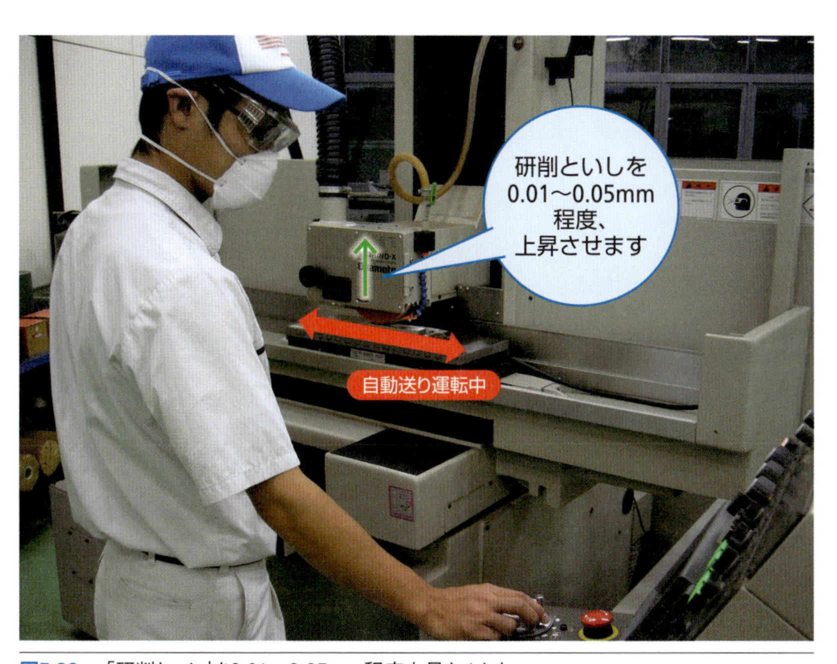

図5.28　「研削といし」を0.01～0.05mm程度上昇させます

5-16 サドル前後送りハンドルを操作し、研削加工しよう

図5.29に、サドル前後送りハンドルを操作して平面研削加工を行う様子を示します。また、**図5.30**に、湿式平面研削加工の様子を拡大して示します。図に示すように、作業者は研削盤本体の前に立ち、サドル前後送りハンドルを操作して、工作物の全面を研削加工します。

切込み深さは、といし軸頭上下送りダイヤルを操作し、「研削といし」と工作物が接触しない位置で与えます。「研削といし」と工作物が接触する位置で切込み深さを与えてはいけません。

また、サドルの前後送り量は、「研削といし」の厚さの1/2～1/3程度になるように、ハンドル送りを調整します。

図5.29 サドル前後送りハンドルを操作し、平面研削加工を行います

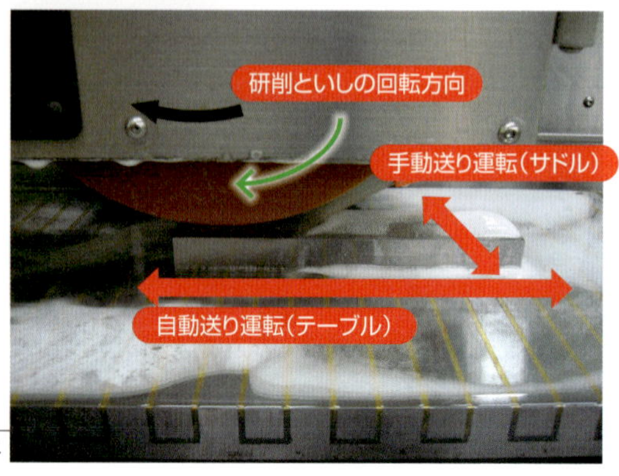

図5.30 湿式平面研削加工の様子

5-17 掃除をしよう

図5.31に、掃除の様子を示します。研削加工が終わったら、研削盤をきれいに掃除します。研削盤などの工作機械は、使用する作業者によって、精度や寿命が異なります。いつまでも精度よくきれいに維持するためには、作業者が常に清掃に心掛けることが大切です。掃除は一流になるための第一歩です。

特に、といし覆いに付着した切りくず、磁気チャック上面の研削油剤はきれいに取り除き、最後に、防錆対策を行ってください。水溶性研削油剤はほぼ水ですから、いい加減な掃除では研削盤や磁気チャックがすぐに錆びてしまいます。

掃除が終了したら、操作盤の油圧起動ボタンをOFFにし、最後に、主電源を切ります(図5.4参照)。

以上で研削盤作業は終了です。

図5.31　きれいに掃除を行います

主電源操作は必ず右手で行います。

5-18 平行台（パラレルブロック）のつくり方

フライス盤作業などで使用する平行台（パラレルブロック）のつくり方と工作物の設置方法を主に説明したいと思います。

工作物は図5.32に示すように、あらかじめフライス加工され、焼入れしたものを使用します。

図5.32　平行台の素材（フライス加工し、焼入れした鋼材）

手順1　工作物の全体的な形状を確認します

はじめに、工作物の最も広い面を研削加工します。

図5.33に、直定規を使用して研削加工する面の真直度を確認する様子を示します。図に示すように、直定規を用いて研削加工する面の真直度（ソリ）を確認します。また、外側マイクロメータを用いて、研削加工する面6点の寸法を測定し、工作物の全体的な形状を確認します（図5.34参照）。

一般に、焼入れした材料は弓型に変形していますから、凸側と凹側に分かれます。ここでは、凸側をA面、凹側をB面と決めます。

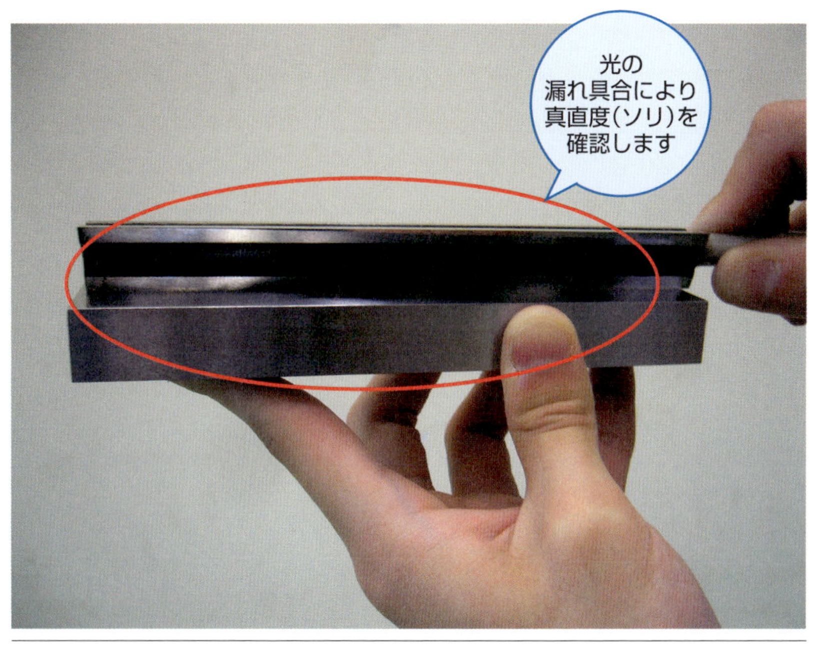

図5.33 研削する面の真直度(ソリ)を確認します

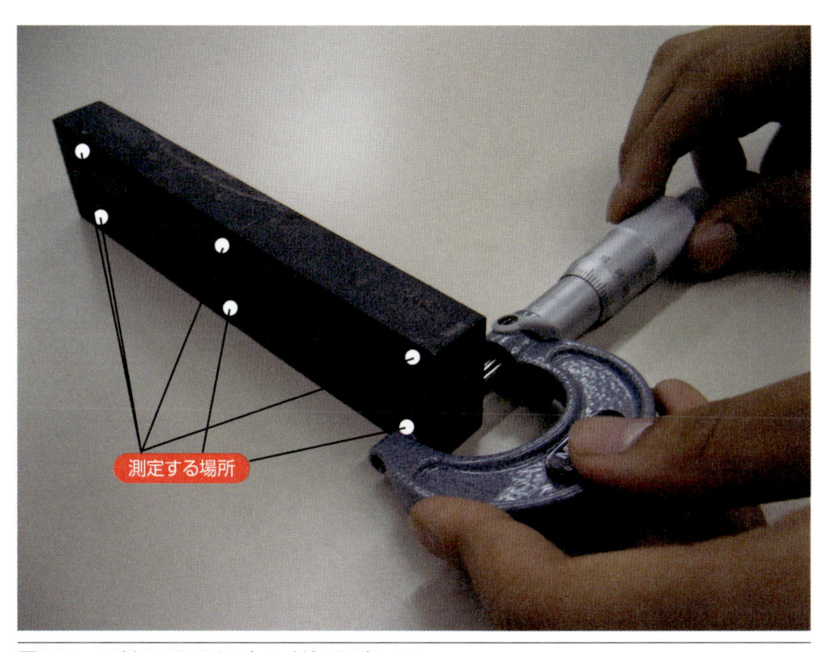

図5.34 研削する平面上6点の寸法を測定します

手順2　A面（工作物の凸側）を荒研削します

図5.35に、A面を荒研削加工する場合の工作物の固定方法を示します。図に示すように、2枚の工作物を横長にして磁気チャックに並べます。このとき、工作物のソリを埋める厚さ（0.01～0.05mm程度）のフィラーゲージを磁気チャックと工作物の間に挿入します。挿入する場所は、工作物の中央です。

図5.36に、A面の荒研削加工の模式図を示します。図に示すように、フィラーゲージを挟むことによりB面の凹部が埋められ、見かけ上、B面が直線で支持されます。この状態でA面を研削加工し、凸部を平面にします。研削後は直定規を使用して、真直度の確認を行います。真直度があまり良くない場合には、再度研削加工を行います。

一般に、荒研削加工の場合には、磁気チャックの磁力は強くします（10段階の8～10程度）。ただし、磁気チャックの磁力は強ければよいというものではなく、研削加工に耐え得る最低の磁力であることが望ましいと言えます。

【研削条件（荒加工）】
研削といしの周速度：1800m/min（30m/s）
工作物（テーブル）の送り速度：10m/min（16cm/s）
切込み深さ：0.005mm～0.01mm
スパークアウト※：2～5回
磁力：10段階の8～10

※スパークアウト…「スパークアウト」とは、設定した切込み深さを研削加工した後、切残しを除去する目的で、切込み深さを与えず、工作物全面を研削加工することを言います。

図5.35　A面（凸側）を荒研削加工する場合の工作物の固定方法

研削加工を行う場合には、磁気チャックに取り付ける面を直線で支持することが重要です。このため、工作物の形状（ソリの状態）を十分に確認し、形状の隙間を埋めるために、フィラーゲージを使用します（図5.36参照）。
フィラーゲージを工作物と磁気チャックの隙間に入れた状態で、図5.37に示すように、工作物の片側を振ってみて、工作物全体が引きずられるように動くようであれば、隙間は埋められています（直線に支持されています）。しかし、工作物のもう一方の片側が支点で動くようであれば、隙間は埋められていない（直線に支持されていない）ということになります。すなわち、工作物の片側を振ってみて、工作物全体が動くように、フィラーゲージの厚さを調整することが大切です。

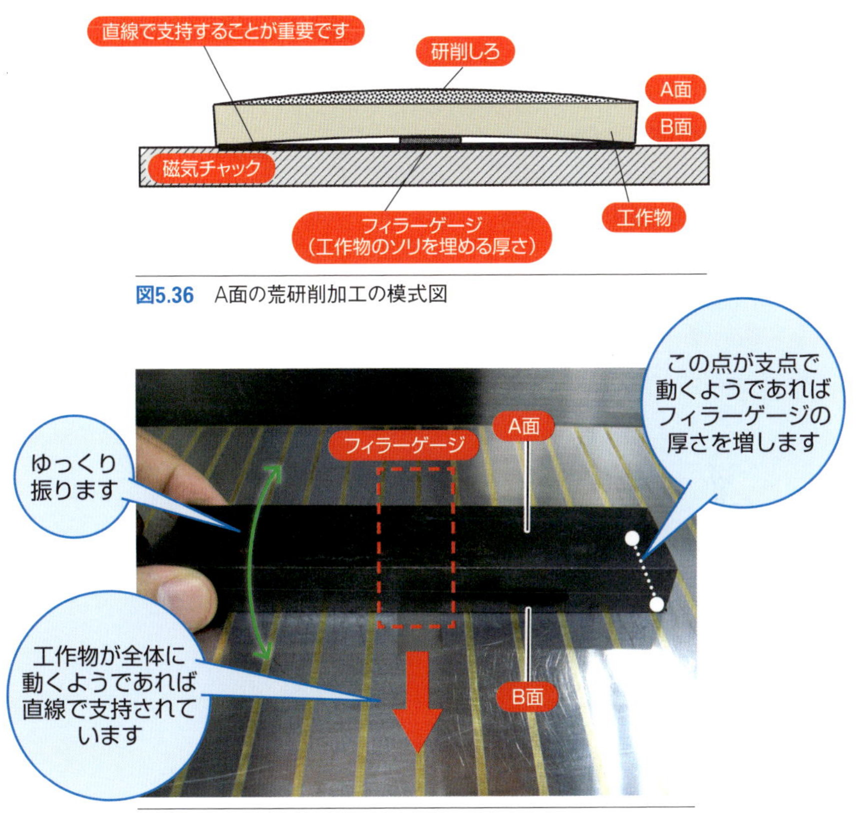

図5.36　A面の荒研削加工の模式図

図5.37　工作物の片側を振って工作物の支持状態を確認します

手順3　B面を荒研削する

図5.38に、B面を荒研削加工する場合の工作物の固定方法を示します。図に示すように、手順2で平面になったA面を下にして、B面を上にします。このとき、先と同様に工作物の片方を手で持ち、軽く振って、A面全面が磁気チャックと接触している（工作物全体が引きずられるように動く）ことを確認します。この際、油砥石でA面に発生したバリを丁寧に取り除いておくことが重要です（**図5.39**参照）。

図5.40に、B面の荒研削加工の模式図を示します。図に示すように、この作業では、工作物の凹部を平面に研削加工します。磁気チャックの磁力は手順2と同様に、10段階の8～10に設定します。なお、研削条件は手順2と同じです。

【研削条件（荒加工）】
研削といしの周速度：1800m/min（30m/s）
工作物の送り速度：10m/min（16cm/s）
切込み深さ：0.005～0.01mm
スパークアウト：2～5回
磁力：10段階の8～10

図5.38　B面を荒研削加工する場合の工作物の固定方法

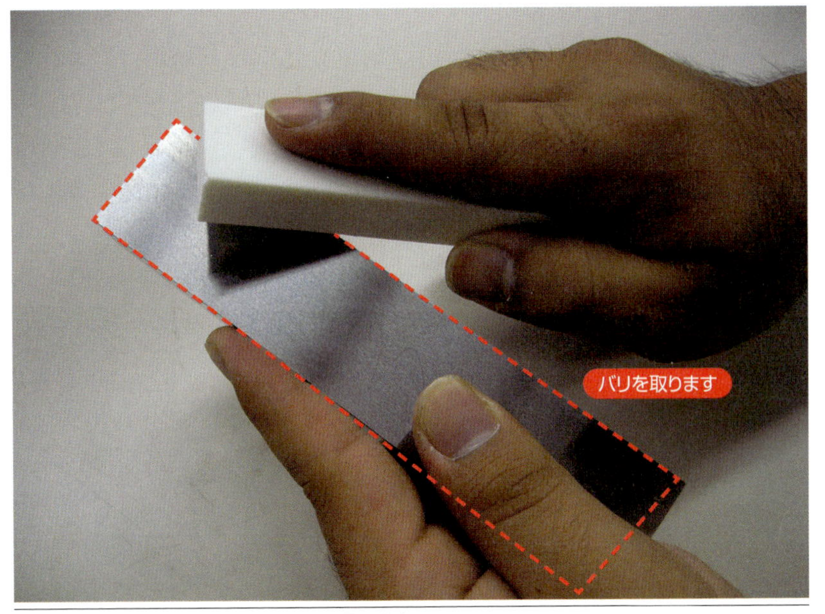

図5.39　油砥石でA面のバリをきれいに取ります

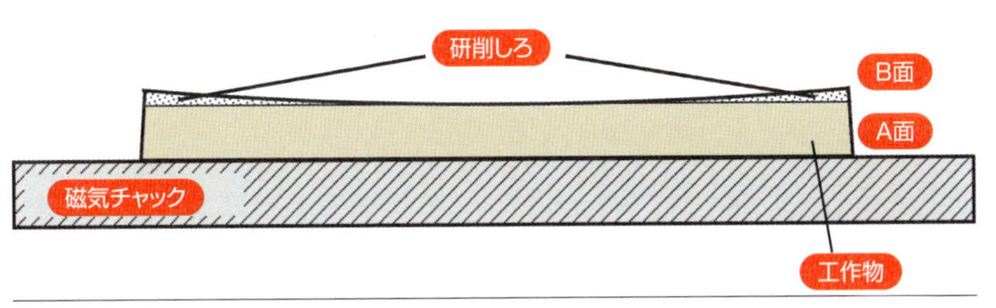

図5.40　B面の荒加工研削の模式図

手順4　A面を仕上げ研削する

図5.41に、A面を仕上げ研削加工する場合の工作物の固定方法を示します。図に示すように、2枚の工作物を横長にして磁気チャックに並べ、A面の微小な反りを研削します。B面にフィラーゲージを挿入する場合には、手順2を参考にしてください。

仕上げ研削加工におけるテーブル送り速度は、荒研削加工と同じくらいか少し遅いくらいにし、サドル前後送り量は荒研削よりも小さくします。また、切込み深さは0.001～0.005mmとします。なお仕上げ研削加工の場合には、磁気チャックの磁力は工作物を過剰に引きつけないよう10段階の1～2程度にします。

手順5　B面を仕上げ研削する

基本的な研削作業の方法は、手順4と同じです。最終的に、A面、B面の真直度（ソリがなく）と、両面における平行度（工作物の両端、中央で寸法が同じ）および、仕上がり寸法が確認できればOKです。真直度、平行度の測定方法は第3章③-④を参照してください。

【研削条件（仕上げ）】
研削といしの周速度：1800m/min（30m/s）
工作物の送り速度：10m/min（16cm/s）
切込み深さ：0.001～0.005mm
スパークアウト：2～5回
磁力：10段階の1～2程度、または、最大（10）で磁力をONにして、
　　　すぐにOFFにした状態（残留磁力状態）

フィラーゲージは
工作物のソリを
確認し、
適宜使用します

図5.41　A面（B面）を仕上げ加工する場合の工作物の固定方法

手順6　C面を荒研削する

工作物の最も広い面に沿った垂直な面をC面、D面とします。**図5.42**に、C面を荒研削加工する場合の工作物の固定方法を示します。図に示すように、2枚の工作物を横長にして磁気チャックに並べ、やや厚い補助ブロック（止め金）で2方向から挟みます。このとき、補助ブロックは工作物に向かって押すのではなく、**図5.43**に示すように、工作物を磁気チャックに押し付けるように力を入れながら、磁力をONにします。

研削終了後、油砥石でバリを取り、直定規を使用してC面（研削面）の真直度を確認します。さらに、直角定規または円筒スコヤを用いて、A面、B面との直角度も確認します。直角でない（傾きがある）場合には工作物の固定方法（補助ブロックの当て方）が原因ですので、補助ブロックの力の入れ方に注意して固定し、寸法が許される範囲でもう一度、研削加工を行います。なお、研削条件は手順2と同じです。

※ここで使用している補助ブロックは平行直角精度が高いものです。平行、直角精度が低い補助ブロックでは工作物の平行、直角が加工できません。

図5.42　C面（D面）を仕上げ加工する場合の工作物の固定方法

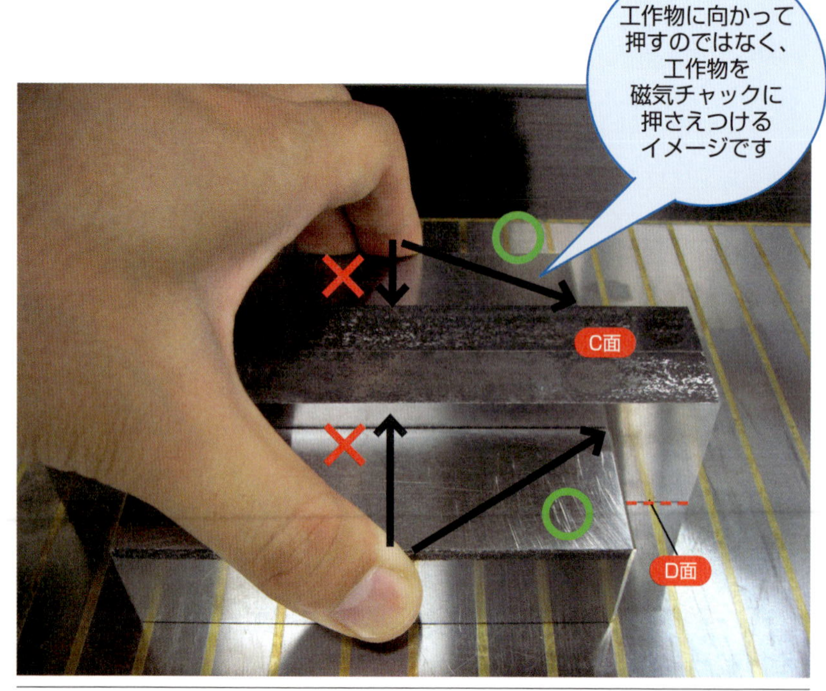

図5.43　補助ブロックは工作物を磁気チャックに押しつけるように固定します

手順7　D面を荒研削する

研削作業および条件、工作物の固定方法は、手順6と同じです。ここでも、補助ブロックは工作物に向かって押すのではなく、工作物を磁気チャックに押し付けるように力を入れながら磁力をONにします。

手順8　C面を仕上げ研削する

図5.44に、C面を仕上げ研削加工する場合の工作物の固定方法を示します。研削作業および工作物の固定方法は、手順6と同じです。また、研削条件は以下の通りです。

磁力は、A、B面を研削したときほど小さくする必要はありません。工作物の薄い方向を磁気チャックに取り付ける場合には、工作物が磁気チャックに引きつけられ、研削加工後の平面度（真直度）に影響します（ソリが発生します）が、工作物の厚い方向を磁気チャックに取り付ける場合には、磁力が形状精度に及ぼす影響は小さくなります。

【研削条件（仕上げ）】
研削といしの周速度：1,800m/min（30m/s）
工作物の送り速度：10m/min（16cm/s）
切込み深さ：0.001～0.005mm
スパークアウト：2～5回
磁力：10段階の5程度

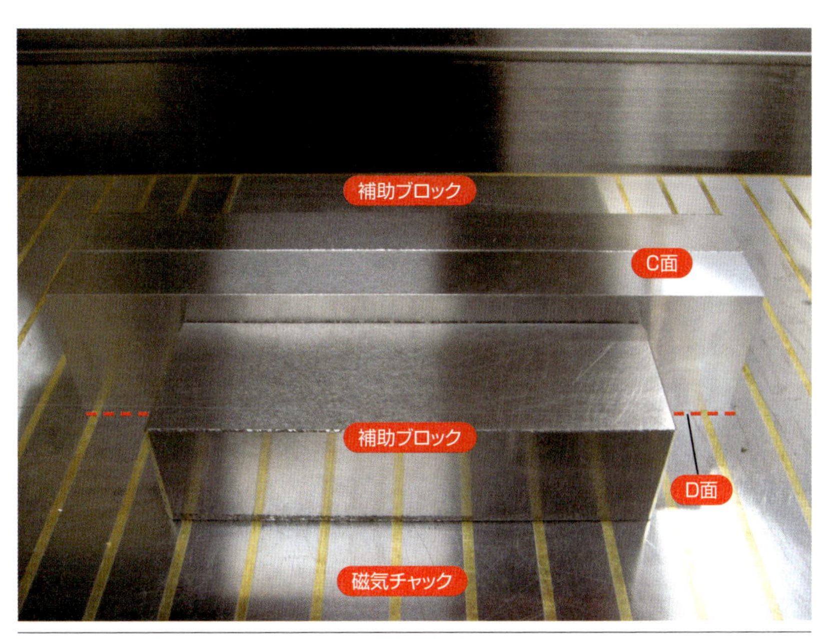

図5.44　C面（D面）を仕上げ研削加工する場合の工作物の固定法

手順9　D面を仕上げ研削する

工作物の固定方法および研削条件は、手順8と同じです。最終的に、C面、D面の真直度（ソリがなく）、両面における平行度（工作物の両端、中央で寸法が同じ）、A面、B面との直角度、および仕上がり寸法が確認できればOKです。真直度、平面度の測定方法は、第3章③-④を参照してください。

手順10　完成です

以上で、平行台（パラレルブロック）が完成です（**図5.45**参照）。なお、図に示す工作物の最も面積の小さい面は平行台の用途を考慮し、特別な場合を除いて研削加工を行う必要はありません。

図5.45　完成した平行台（パラレルブロック）

参考文献

「金属加工シリーズ　研削加工の基礎」澤　武一（日刊工業新聞社・DVD）

「金属加工シリーズ　金属切削の基礎」澤　武一（日刊工業新聞社・DVD）

索引

◆英数◆

◆あ行◆

◆か行◆

◆さ行◆

◆た行◆

◆な行◆

◆は行◆

◆ま行◆

◆や・ら・わ行◆

●著者略歴

澤　武一（さわ たけかず）

芝浦工業大学 機械工学課程
基幹機械コース 教授
博士（工学）、ものづくりマイスター（DX）、
1 級技能士（機械加工職種、機械保全職種）

2014年7月 厚生労働省ものづくりマイスター認定
2020年4月 芝浦工業大学　教授
専門分野：固定砥粒加工、臨床機械加工学、
機械造形工学

著書

・今日からモノ知りシリーズ　トコトンやさしいNC旋盤の本
・今日からモノ知りシリーズ　トコトンやさしいマシニングセンタの本
・今日からモノ知りシリーズ　トコトンやさしい旋盤の本
・今日からモノ知りシリーズ　トコトンやさしい工作機械の本　第2版（共著）
・わかる！使える！機械加工入門
・わかる！使える！作業工具・取付具入門
・わかる！使える！マシニングセンタ入門
・目で見てわかる「使いこなす測定工具」―正しい使い方と点検・校正作業―
・目で見てわかるドリルの選び方・使い方
・目で見てわかるスローアウェイチップの選び方・使い方
・目で見てわかるエンドミルの選び方・使い方
・目で見てわかるミニ旋盤の使い方
・目で見てわかる研削盤作業
・目で見てわかるフライス盤作業
・目で見てわかる旋盤作業
・目で見てわかる機械現場のべからず集―研削盤作業編―
・目で見てわかる機械現場のべからず集　―フライス盤作業編―
・目で見てわかる機械現場のべからず集―旋盤作業編―
・絵とき「旋盤加工」基礎のきそ
・絵とき「フライス加工」基礎のきそ
・絵とき　続・「旋盤加工」基礎のきそ
・基礎をしっかりマスター「ココからはじめる旋盤加工」
・目で見て合格　技能検定実技試験「普通旋盤作業２級」手順と解説
・目で見て合格　技能検定実技試験「普通旋盤作業３級」手順と解説
・カラー版 目で見てわかるドリルの選び方・使い方
・カラー版 目で見てわかるエンドミルの選び方・使い方
・カラー版 目で見てわかる切削チップの選び方・使い方
・カラー版 目で見てわかる測定工具の使い方・校正作業

……いずれも日刊工業新聞社発行

NDC 532

カラー版　目で見てわかる
研削盤作業

定価はカバーに表示してあります。

2025年3月26日　初版1刷発行

©著者　澤 武一
発行者　井水 治博
発行所　日刊工業新聞社　〒103-8548 東京都中央区日本橋小網町14番1号
書籍編集部　電話 03-5644-7490
販売・管理部　電話 03-5644-7403　FAX 03-5644-7400
URL　https://pub.nikkan.co.jp/
e-mail　info_shuppan@nikkan.tech
振替口座　00190-2-186076

本文デザイン・DTP　志岐デザイン事務所（大山陽子）
本文イラスト　志岐デザイン事務所（角一葉）
印刷・製本　新日本印刷㈱

2025 Printed in Japan　落丁・乱丁本はお取り替えいたします。
ISBN　978-4-526-08382-2　C3053